地理信息 Web 系统

主　编　尹章才
副主编　谭永滨　应　申　黄解军

武汉理工大学出版社
·武　汉·

内容提要

本书从“互联网＋”与“GIS＋”相交叉的视角，以空间数据流为主线，对空间数据流各环节与Web的交叉融合进行阐述，内容包括空间数据的网络采集、网络数据结构、网络数据库、网络数据处理和可视化、Web服务等。本书并不详细介绍涉及的GIS和Web知识，而只关注两者的交叉和融合部分，包括案例、知识、实践与互联网思维。

本书可作为地理信息科学、地理学等相关专业本科生、研究生教材，也可供相关技术人员参考使用。

图书在版编目(CIP)数据

地理信息Web系统 / 尹章才主编. - - 武汉 ：武汉理工大学出版社，2025.8.
ISBN 978-7-5629-7371-3

Ⅰ. P208.2

中国国家版本馆CIP数据核字第20254EB592号

Dili Xinxi Web Xitong

地理信息Web系统 （武汉理工大学本科教材建设专项基金项目）

项目负责人：王　思(027－87290908)　　**责任编辑**：王　思

责任校对：余士龙　　**版面设计**：正风图文

出版发行：武汉理工大学出版社

社　　址：武汉市洪山区珞狮路122号

邮　　编：430070

网　　址：http://www.wutp.com.cn

经 销 者：各地新华书店

印 刷 者：湖北金港彩印有限公司

开　　本：787 mm×1092 mm　1/16

印　　张：10.75

字　　数：255千字

版　　次：2025年8月第1版

印　　次：2025年8月第1次印刷

定　　价：35.00元

凡购本书，如有缺页、倒页、脱页等印装质量问题，请向出版社发行部调换。

本社购书热线电话：027-87523148　87391631　87165708(传真)

前　言

快速发展的互联网与 GIS 在 IT 领域的交叉，促使网络 GIS 在 GIS 行业和互联网领域方兴未艾，社会生产对网络 GIS 的需求也日益高涨。在此背景下，网络 GIS 无论在内容方面还是在学科课程体系中的地位都发生了巨大的变化。为了适应这一变化，本书及时融入了前沿性内容，调整了网络 GIS 的知识体系，聚焦于互联网思维与能力的培养。

网络 GIS 的称谓很多，有 Web GIS、因特网 GIS 等。尽管名称各异，但反映了网络 GIS 内容的多样性和多面性，以及与互联网、Web 等联系的密切性。网络 GIS 作为 GIS 与互联网结合的产物，在内容体系方面既可以划分为互联网、GIS、网络 GIS 应用等，也可以划分为互联网主动融合 GIS 的各方面知识。本书选择了后者，这符合学生对 GIS 体系的认知过程，即学生通过“遥感”“空间数据库”“空间分析”“地图学”“GIS 工程”等相对独立的课程，来理解 GIS 在数据采集、数据结构和存储、数据处理和分析、数据可视化、综合应用等方面的知识。本书遵循先部分后整体的模式，分别进行 GIS 各部分与互联网深度融合的阐述，并在此基础上通过系统集成、整合和融合来构建网络 GIS，让学生先掌握具体的、部分的知识和技能，然后水到渠成地形成网络 GIS 的整体概念。

在编写方式上，本书注重知识模块基于传统 GIS 课程体系的划分，在介绍知识模块前引入相应的 GIS 课程及其关键概念，以便与先修课程的联系；秉承新工科教材“先案例后知识”的模式，突出案例在知识模块中的引领作用，并为实践教学提供了原型；注重“互联网＋”思维能力的培养，通过具有互联网基因的“Web GIS”课程为 GIS 学科学生培养互联网思维提供支撑。本书遵循理论与实践相结合的原则，在介绍技术方法的同时尽量结合实际应用案例，让学生不仅掌握理论知识，而且还初步掌握应用的方法。

本书由武汉理工大学尹章才担任主编，东华理工大学谭永滨、武汉大学应申和武汉理工大学黄解军担任副主编，武汉理工大学梁友嘉、周晗、张旭、黎华、郭圆、陈超参与编写。具体编写分工如下：第 1 章由尹章才和谭永滨编写，第 2 章由谭永滨、应申和梁友嘉编写，第 3 章由尹章才、黄解军和周晗编写，第 4 章由谭永滨、应申和张旭编写，第 5 章由应申、尹章才和黎华编写，第 6 章由黄解军、尹章才和郭圆编写，第 7 章由尹章才、应申和陈超编写，第 8 章由尹章才编写，第 9 章应申和尹章才编写。全书由尹章才负责统稿和定稿。在编写过程中，研究生齐如煜、陈毅然等参与撰写了书中的部分章节，在此表示由衷感谢。

本书相关工作的完成得到如下项目资助：2024 年度湖北省新工科新形态教材建设项目（地理信息 Web 系统，编号：28），2024 年湖北本科高校省级教学改革研究项目（GIS 专业“课程＋思政”的知识图谱库建设方法，编号：119)，武汉理工大学本科校级规划教材(编号：38)。

本书的编写过程中参阅了国内外本领域大量的参考文献，借鉴了一些专家、学者的研究成果，在此谨对这些文献的作者表示衷心的感谢。本书编写过程中引用百度(包括百度搜索和百度百科)的内容没有一一标注。

作为一本新书，本书必然会有不同的学术观点，也可能存在学识上的片面理解甚至错误，我们衷心地欢迎与期待使用本书的同行提出批评与建议。

作　者

2024 年 9 月于鉴湖

目　录

1 绪　　论

本章主要联系的课程:“专业导论”“地理信息系统原理”。

生活中的信息约80%与空间位置有关,这意味着泛在网络信息80%与位置有关,也就与网络GIS(Geographic Information System,地理信息系统)有关。GIS是一种处理与空间位置有关的IT技术。作为GIS与互联网的交集,网络GIS一方面通过互联网进行空间数据的分发和管理,承载着GIS基于互联网的扩展;另一方面承载着互联网进行空间信息分析和应用的功能。

1.1 网络GIS概念

GIS加上“网络”二字,让一切都变得“奇妙”起来。本地GIS软件着重基础功能和操作,而网络将这些功能和操作通过数据流、信息流联系起来,网络GIS让我们了解数据如何在GIS软件或功能模块之间穿梭和增值。普通的浏览器页面后存在莫大玄机,它不仅能调用本地数据和系统,还能让这些数据和系统“上网”,为其他用户服务。

1.1.1 网络GIS特征与定义

网络GIS是Internet环境下的一种传输、存储、处理、分析、显示与应用地理空间信息的计算机系统。网络GIS更侧重于描述GIS在网络环境下的部署模式,Web GIS特指基于Web技术实现的GIS应用。随着技术的发展,这两者之间的界限也变得越来越模糊。

1.1.1.1 网络GIS的主要特点

(1) 全球化的服务器/浏览器应用。全球范围内任意一个WWW节点的Internet用户都可以访问网络GIS服务器提供的各种GIS服务,甚至还可以进行全球范围内的GIS数据更新。

(2) 真正大众化的GIS。由于Internet的爆炸性发展,Web服务正在进入千家万户,GIS通过Web功能得以扩展,真正成为一种大众使用的工具。网络GIS给更多用户提供了使用GIS的机会,Internet用户可以从Web的任意一个节点浏览网络GIS站点中的空间数据、制作专题图,以及进行各种空间检索和空间分析(众包),从而使GIS进入千家万户。而以往的GIS由于成本高和技术难度大,往往成为少数专家拥有的专业工具(专包),很难推广。图1.1所示为在线地图查询界面,这是一种简单的Web GIS查询服务。

(3) 良好的可扩展性。网络GIS很容易与Web中的其他信息服务进行无缝集成,可以建立灵活多变的GIS应用场景。

(4) 跨平台特性。在网络GIS以前,尽管一些厂商为不同的操作系统(如Windows、

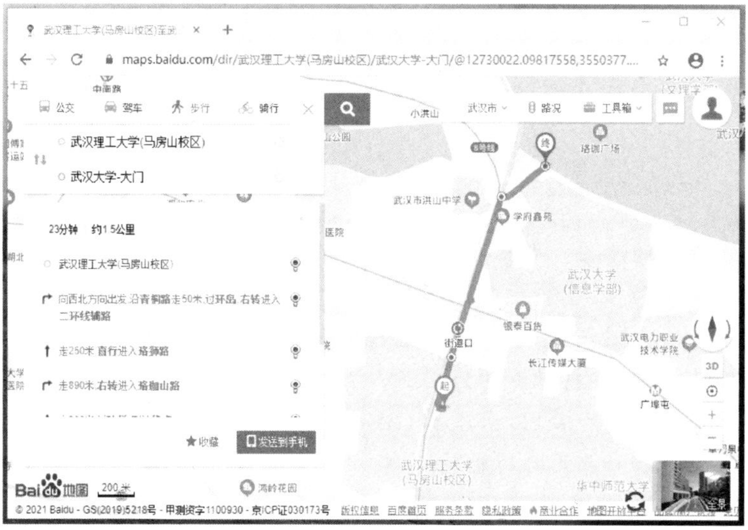

图 1.1　在线地图查询

UNIX)分别提供了相应的 GIS 软件版本,但没有一个 GIS 软件真正具有跨平台的特性。而网络 GIS 可以做到"一次编成,到处运行 (write once,run anywhere)",把跨平台的特点发挥得淋漓尽致。

网络 GIS 的主要不足:用户不能像使用桌面 GIS 或 C/S 模式的 GIS 客户端那样体验地图,相应速度受带宽的影响。

1.1.1.2　网络 GIS 的互联网思维与地理学特征

网络 GIS 具有互联网与 GIS 两个方面的特征。这意味着网络 GIS 不是 GIS 的子集,尽管前者的功能来自和发展于后者,但网络 GIS 具有传统(本地)GIS 所不具备的互联网特征。

(1) GIS 特征。网络 GIS 仍旧离不开 GIS,即与位置有关,是传统 GIS 技术的网络化。网络 GIS 同 GIS 一样,是对与位置有关的数据进行处理的系统,包括采集、加工、组织、存储、分发、可视化、交互等。因此,从地理数据流视角来看,网络 GIS 就是一种 GIS,在处理的对象、原理和方法上同 GIS 基本一致,甚至会调用传统的 GIS 系统。目前,随着互联网在 GIS 领域的深化和渗透,单纯的本地或桌面 GIS 逐渐被网络 GIS 代替。从这个视角来看,GIS 就是网络 GIS。值得一提的是,网络 GIS 不是简单的 GIS 网络化,而是两者的深度融合和相互作用。例如,众包 GIS 是专包 GIS 的网络化和发展,网络 GIS 的数据传输效率相较于传统 GIS 的拷贝方式的优势明显。

(2) 互联网特征。互联网特征主要是大众化、随时随地、泛化、无处不在等。大众化是指作为主体的人的角色变化,如由专家生产、大众消费的模式转变为大众参与生产的模式,从而由单一的终端用户角色发展到对数据进行采集至发布的全过程的参与。又如,专家也使用公众供给的数据,从而使作为专家的专业生产者可以扮演用户的角色。随时随地主要是指 GIS 输入、处理和输出不再局限于固定的有限时间和空间,而是能根据需要灵活开展。泛化主要指 GIS 不再局限于特定的领域,而是渗透到各行各业和人们的生活生产中。无处不在是指 GIS 与人们的生产生活密切联系,人们的衣食住行离不开网络 GIS,如网购中查询物流进程、在地图上查阅和订酒店。理论上,上述特征是统一的,即单一应用的多元化。

网络 GIS 是“互联网+”的应用与发展，其核心是互联网思维。这种互联有两个层面：一是 GIS 中地理学第一定律层面，即地理事物是相关的，越近的事物，其相关性越强；二是互联网中数字技术利用和应用了地理事物之间的联系，互联网是这种数字技术的重大载体形式。互联网思维是人们立足于互联网去思考和解决问题的思维。它是互联网发展和应用实践在人们思想上的反映，并进一步经过沉积内化而成为人们思考和解决问题的方式或思维结构。那么，互联网思维是一种什么样的思维呢？

(1) 互联网思维是一种高度重视互联网的思维。倡导互联网思维，就是倡导人们重视互联网：认真学习互联网知识，努力掌握互联网特点，充分了解互联网作用，清晰认识互联网给生产生活带来的变革甚至是颠覆，改变对互联网漠不关心、一无所知、不求甚解的态度。

(2) 互联网思维是一种力求适应互联网的思维。互联网进入大规模应用时期以来，几乎对所有传统行业和管理模式都造成了巨大冲击。

(3) 互联网思维是一种利用互联网的思维。它驱使人们积极主动地思考如何将互联网作为新型工具服务于自己的创造性劳动。是否应用互联网，在一定意义上成了传统管理与智慧管理、传统产业与新型产业、传统销售与现代销售、传统金融与现代金融的分水岭。

(4) 互联网思维是一种大数据思维。数据是对客观世界的测量和记录。在互联网时代，数据就是资源、财富、竞争力。收集数据、积累数据、分析数据，据大数据思考、靠大数据决策、用大数据立业，就是大数据思维。众包、众筹、共享经济，都是大数据思维的产物。

互联网思维既然是思维，就具有人类思维的共性。互联网时代，互联网思维的四个核心观点(用户至上、体验为王、免费的商业模式、颠覆式创新)和九大思维(用户思维、简约思维、极致思维、迭代思维、流量思维、社会化思维、大数据思维、平台思维、跨界思维)，是所有行业都要深思和深刻领悟的时代议题。

1.1.1.3 Web GIS 定义

Web GIS 是 WWW(World Wide Web)技术和 GIS 技术的有机结合，既是利用 Internet 技术来扩展和完善 GIS 的一项新技术，也是利用 GIS 技术来支持 Internet 的新技术。Web GIS 的核心是在 GIS 中嵌入 HTTP 标准的应用体系，实现 Internet 环境下的空间信息管理和发布(图 1.2)。同为 Internet GIS，Web GIS 区别于 C/S 模式的 GIS 的特征之一是 Web GIS 客户端采用的是 Web 浏览器。

图 1.2 Web 与 GIS 结合的示意图

总之，Web GIS 是一种在 Internet/Intranet 环境下基于 HTTP 协议和 B/S 模式的分布式计算机应用系统，用来存储、管理、分析、发布和共享地理信息，是一种以面向公众为主的地理信息查询服务和应用分析系统。

1.1.2 网络 GIS 的功能与分类

1.1.2.1 网络 GIS 功能

(1) 地理信息的空间分布式获取。网络 GIS 可以在全球范围内通过各种手段获取各种地理信息,使数据的共享和传输更加方便。分布式系统(distributed system)由多台计算机和通信组件通过计算机网络连接而成,它是建立在网络上的软件系统。

(2) 地理信息的空间查询、检索和联机处理。

(3) 空间模型的分析服务。在高性能的服务器端提供各种应用模型的分析方法,通过接收用户提供的模型参数进行快速计算与分析,即时将计算结果以图形或文字等方式返回至浏览器端。

(4) 互联网上资源的共享。互联网上大量的信息资源多数都具有空间分布的特征,利用网络 GIS 对这些信息进行组织管理,为用户提供基于空间分布的多种信息服务,提高资源的利用率和共享程度。

1.1.2.2 网络 GIS 分类

网络 GIS 根据互联网中 Web 的不同阶段分为:Web 1.0 GIS 和 Web 2.0 GIS。Web 2.0 GIS 是 Web 2.0 技术与理念在 GIS 领域的应用与扩展。由于 Web 2.0 是 Web 的升级换代,因此,Web 2.0 GIS 在技术与理念方面也与传统 Web 1.0 GIS 存在质的差别。传统的 Web 1.0 GIS 主要是 GIS 厂商利用 Web 发布地理信息,是 GIS 由单机版向 Web 发展的自然延伸,是 GIS 主导的发展。而 Web 2.0 GIS 则是由 Web 2.0 主导的,是基于 Web 2.0 的技术(如 Ajax)和理念(用户参与)等倡导和发展起来的。因此,Wcb 2.0 GIS(如 Google Earth)通常是 Web 的巨头(如 Google)发布的。

1.2 网络 GIS 实现与发展

1.2.1 网络 GIS 的实现方法

对应于网络的不同概念,网络 GIS 也可分为互连网 GIS、因特网 GIS(如 C/S 模式)和万维网 GIS(如 B/S 模式)。Web GIS 的实现方法有两类(图 1.3):基于服务器的 Web 应用(Server-side),如 CGI(Common Gateway Interface);基于客户机的 Web 应用(Client-side),如插件法(Plug-in)、ActiveX 方法和 Java Applet 方法。

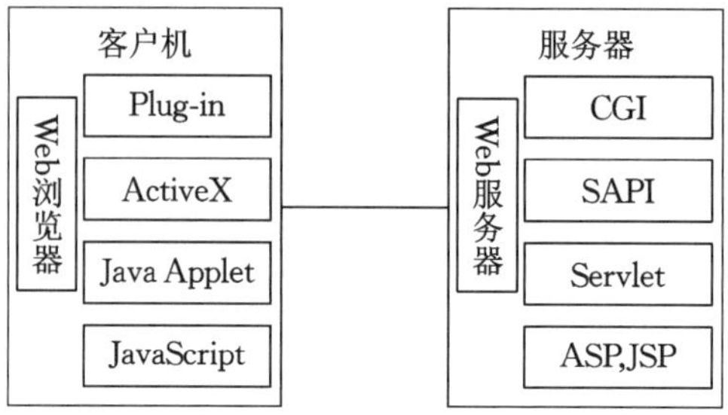

图 1.3 典型 Web GIS 工作模式

1.2.1.1 基于服务器的 Web 应用

CGI 是一种在 Web 服务端使用的脚本技术，用于接收 Web 用户请求并处理，最后动态产生响应反馈给用户。它的一般工作流程如下：Web 浏览器用户发出 URL（Uniform Resource Locators，统一资源定位符）和地图数据请求；Web 服务器接收请求，通过 CGI 脚本将用户请求传送给地图服务器；地图服务器接收请求后进行数据处理（放大、缩小、漫游、查询、分析等），并将结果形成 GIF\JPEG 图像，通过 CGI 脚本、Web 服务器传送给浏览器显示（图 1.4）。

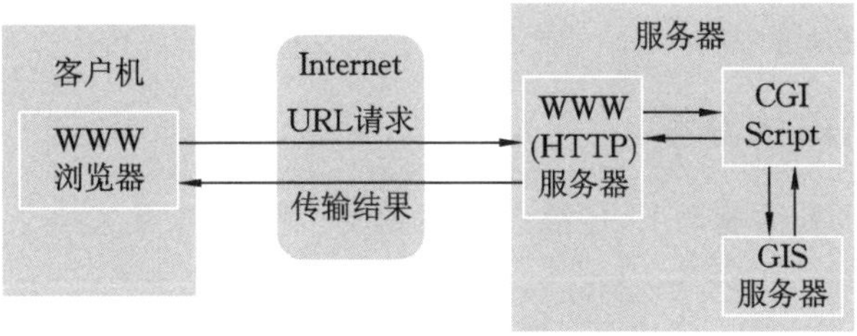

图 1.4 CGI 的网络 GIS 模式

采用 CGI 技术构建的系统，虽然增强了用户端交互性，使用户可以获取各种地理空间数据和地图，但传给用户的信息仍然是静态的。用户不能操作单个地理实体及快速放大和缩小地图，因为在用户端，整个地图图像是一个实体，任何用户的操作（如放大、缩小等）都需要服务器来完成。当互联网流量较高时，系统反应会很慢。解决这一问题的方法之一是把一部分服务器的功能移到用户端。这样不仅可以大大加快用户操作的反应速度，而且也可以减小服务器的负载。

1.2.1.2 基于客户机的 Web 应用

普通的浏览器一般都是 Applet 的容器，能自动从服务器下载可执行代码到客户端，代码在 Java 虚拟机上运行，与浏览器紧密结合，扩展浏览器功能。它的一般工作流程如下（图 1.5）：Web 浏览器发出地图数据请求；Web 服务器接收用户请求并进行处理，将用户所要的信息和 Java Applet 传到 Web 浏览器；浏览器启动 Applet 完成矢量和栅格地图操作。Applet 在运行过程中可以和服务器进行数据通信。从内部机制看，Applet 也是预先安装的，而且每次启动都要从服务器重新加载到客户端内（采用 Plug-in 和 ActiveX 方法只需安装一次，但存在首次安装数据量较大及更新的问题），如果数据量小，用户就会感觉不到。

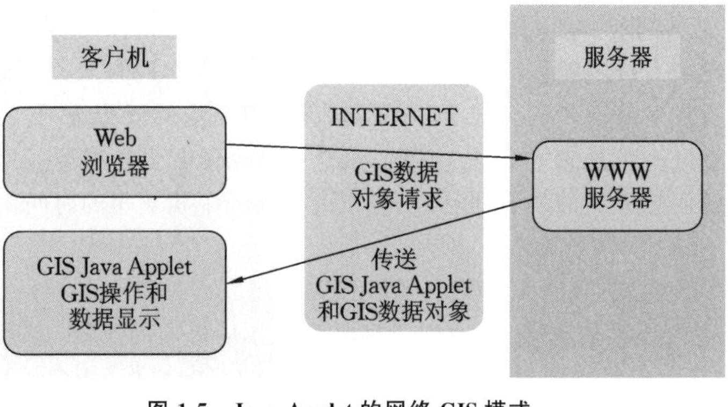

图 1.5 Java Applet 的网络 GIS 模式

Plug-in 技术方法是在客户端的浏览器上增加一个能识别矢量图形数据的插件。通过这样的插件，服务器的矢量无须转换就能直接通过 Web 浏览器实现地图浏览、查询、分析等操作功能，大大减少了网络的数据传输，较好地解决了网络上图形数据信息的传输"瓶颈"。同时，矢量图形与其属性数据已建立的对应、关联关系也易得到保存。这种方法的优点是速度快，客户端操作的是矢量地图数据。缺点是它需要先在互连网上获取特定的插件，不同的浏览器需要设计不同的插件；不同的数据需要安装不同的插件，如果要访问多个不同数据格式的网站点，需要把每个相应的插件都装上，客户端的浏览器会变得相当臃肿；插件升级和更新后需要用户重新下载安装。

1.2.2 网络 GIS 的发展

在 Web 2.0 大环境的驱动下，传统 GIS 数据、技术及其应用发生了革命性的变化，包括如下几个方面：

(1) 空间数据生产方式：用户单一消费→用户参与数据生产

2007 年，志愿者地理信息(Volunteered Geographic Information，VGI)的概念被提出。VGI 具有三种元素：Web 2.0、集体智慧和新地理，它反映了互联网时代地理信息新的获取与应用方式。VGI 的定义是用户通过在线协作的方式，以普通手持 GPS 终端、开放获取的高分辨率遥感影像，以及个人空间认知的地理知识为基础参考，创建、编辑、管理、维护的地理信息。

VGI 信息主要来自于用户的自发贡献，其核心思想是"人人都是传感器"，即每一个人都可以完成地理数据的采集。由于人从幼年就开始获得空间知识，对于自己周围的地理环境(地名、交通路网)都有比较详尽的了解，这些信息难以用自动化的手段获得。例如，通过航空摄影可以获得一个区域清晰的照片，通过某些算法可以获得照片上部分道路矢量数据，但是无法获得详细的地名注记，这些信息对于 GIS 应用是必不可少的。通过专业部门获取往往需要投入大量的人力、物力和财力，如果公众拥有带 GPS 的手机或者汽车装有记录行驶轨迹的设备等，那么公众也可以提供丰富的地理信息数据。VGI 打破了地理信息专业人员和公众之间的界限，它有效地整合了位于世界各个角落的人们已经掌握的自己周围的各种信息，并且可以辅助 GPS 等个人终端设备对地理信息予以分享和传播。

(2) Web GIS 软件：闭源→闭源＋开源

几乎每一款计算机软件都是用源代码构建出来的，或者用技术蓝图说明程序如何运行。Web GIS 软件也不例外。闭源软件也就是公众熟知的专有软件，公众没法接触源代码，所以他们不能看见或者修改源代码。但是对于开源软件，源代码是大众可访问的，如果需要，程序员可以查看或者修改代码。很多种闭源软件都有对应的开源选项。

开源的优点之一就是它常常是免费的，虽然有些功能和支持需要额外付费。同时，由于源代码可以被任何想看到的人看到，公众协作可以在一个相对短的时间内找到漏洞，有助于提升性能。

(3) Web GIS 模式：Web 1.0 GIS→Web 2.0 GIS

在 Web 2.0 大环境的驱动下，地理信息服务模式从单向的 Web 应用(允许大量的用户访问少量 Web 站点提供的地理信息)逐渐向交互式的双向协作(用户可以同时是地理信息的使用者和提供者)转变。

Web 2.0 与 GIS 密切关联，一方面，Web 2.0 影响着 GIS 技术，包括地理信息数据库技术 GML、地理信息聚合技术 GeoRSS、地理信息编码和传输技术 GeoJSON、专有的地理信息服务技术（如 WMS、WFS、WCS）、公众参与 GIS（PPGIS）、GeoURL 等。另一方面，Web 2.0 GIS 的发展也影响着 Web 2.0 本身，Web 2.0 技术中的 Mashup、Ajax 等是通过 Web 地图的流行而兴起的，是 Web 2.0 的标志性和开创性技术。总之，Web 2.0 为 Web GIS 的发展提供了新的理念和技术，Web GIS 也为 Web 2.0 的推广和应用提供了实例。

（4）Web GIS 应用："GIS＋"互联网→"互联网＋"GIS

互联网与 GIS 通过"＋"发生了联系。"＋"的存在，意味着 GIS 与互联网既有联系又有明确的边界，是互补而不是取代。网络 GIS 的发展模式可分为两类："GIS＋"互联网和"互联网＋"GIS。早期的网络 GIS 是一种"GIS＋"互联网，是传统 GIS 软件在数据、功能方面的网络化，如地图的网络发布。这种模式使 GIS 操作在摆脱传统时空束缚的同时，也带来了新的问题，主要是传统 GIS 范式与互联网不适应。这就需要从互联网的视角对 GIS 进行重构，以构建全新的真正意义上的"互联网＋"GIS。如果将互联网作为 GIS，那么在线网络地图就是互联网的数据入口和与用户交互的界面。

1.2.3 实训项目：二维网络 GIS 构建

"二维网络 GIS 构建"实训项目相关内容见表 1.1。

表 1.1 "二维网络 GIS 构建"实训项目

实训目标	知识目标	掌握云服务的概念，熟悉二维网络 GIS 构建的基本原理，认识软件环境的配置问题，了解主流网络 GIS 实现的思路
	能力目标	能够利用开放的免费云服务搭建简单的网络 GIS 系统，并能够实现二维地图的云发布和分布式交互
	价值目标	让学生认识到网络 GIS 是空间上分布在不同地点的服务器、客户端通过互联网连接的架构，理解数据和接口标准及相互协作的重要性，培养学生的团队协作精神和集体观念，增强学生之间的沟通和互助
实训原理	在云端安装 GIS 服务器，在客户端安装地图系统，使服务器与客户端之间的地图数据交互	
实训方法	利用开源的云服务，安装配置 GIS 服务器，在客户端安装地图系统并接收服务器发布的地图数据	
实训要求	独立完成云服务的申请，下载所需要的开源软件，完成服务器配置和地图数据发布，并能在其他同学的客户端接收服务器发布的地图数据	
注意事项	需要提前一周完成云服务的申请和各软件的下载，避免机房网络拥堵	
问题与处理	若下载的软件存在不适用的问题，可以拷贝其他同学下载的软件	

限于篇幅，“二维网络 GIS 构建”实训指导书可扫描下方（左侧）二维码查看；有关“二维网络 GIS 构建”实训项目的操作视频，可扫描下方（右侧）二维码观看。

【实训指导书】　　【操作视频】

1.3　网络 GIS 与相关学科

网络 GIS 是一种“互联网＋”GIS，或者“GIS＋”互联网的交叉学科。

通常，网络 GIS 可视为一种可以不需要专有软件的基于互联网的 GIS，“网络 GIS＝网络＋GIS－GISoftware”。网络 GIS 上“地理”这一传统的学科在当今社会仍能与时俱进。网络就是计算机，而“GIS＝地理＋IS（计算机）”，因此网络 GIS 就是互联网地理，即互联网与地理双向融合、相互促进的新学科和新领域。

GIS 专业的课程体系中部分课程或课程的部分内容是网络 GIS 在 GIS 方面的技术基础，而网络 GIS 是这些内容的集大成者。同时，借助互联网，网络 GIS 为 GIS 提供了强大的功能、多元化的思维和发展活力。互联网一方面促进了 GIS 的互联网化，另一方面促进了 GIS 专业内各学科的知识融合、集成和创新，是连接各课程的纽带和桥梁。GIS 研究的对象是现实的地理世界，通过大众化的互联网的纽带和桥梁作用，网络 GIS 将地理信息技术推送给认知和改造地理世界的人，从而形成了地理世界与 GIS 的闭环（图 1.6）。

图 1.6　GIS、互联网与网络 GIS 的关系

网络 GIS 既是 GIS 专业的课程，同时也是其他课程基于互联网的集成，这也构成了本书的结构，详见表 1.2。

表 1.2　网络 GIS 的内容来源于网络化的其他课程

章节	内容	对应的其他 GIS 课程
第 1 章	绪论	“专业导论”“地理信息系统原理”
第 2 章	技术基础	“计算机基础”
第 3 章	Web GIS 数据采集	“测量学”“遥感原理”
第 4 章	Web GIS 数据组织	“数据结构”
第 5 章	Web GIS 数据存储	“数据库原理”
第 6 章	Web GIS 数据处理	“空间分析”
第 7 章	Web GIS 可视化	“地图学”“虚拟仿真”
第 8 章	Web GIS 系统服务	“GIS 工程”
第 9 章	Web GIS 系统开发	“JAVA”“GIS 程序设计”

由表 1.2 可知，其他课程内容的网络化成为网络 GIS 的重要内容，也展示了网络 GIS 具有承前（课程）的作用，即基于“GIS＋互联网”的 GIS 网络化（图 1.7）。这种联系的梳理和构建，一方面便于将其他课程的知识快速迁移到本课程中，另一方面强化 GIS 学科内各课程之间的联系，便于学科知识架构的形成。

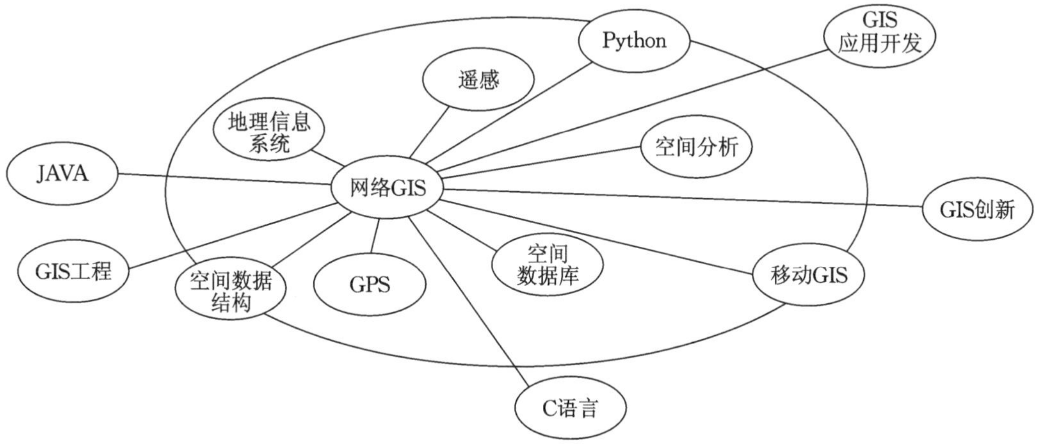

图 1.7　网络 GIS 与其他学科的关系

网络 GIS 还具有启后的作用，即基于“互联网＋GIS”的互联网进行的 GIS 化。这使得网络 GIS 不仅仅是 GIS 互联网的结果，还是 GIS 在互联网时代创新性发展的新起点和新方向；不仅仅是传统 GIS 模块的桥梁，还是各模块的系统化和升华。区别于传统的 C/S 或本地 GIS 系统，网络 GIS 具有互联网＋的基因，能用于融合其他应用或技术的功能，即网络 GIS＋，如网络 GIS＋资源管理、网络 GIS＋遥感测绘、网络 GIS＋导航。

网络 GIS 能通过互联网发布系统，利用专业知识服务用户，从而使得 GIS 不再停留在概念和理论层面。

思　考　题

讨论 1:你对“网络 GIS”的画像是什么样的?

讨论 2:生活中有哪些是网络 GIS 的应用? 它们具有网络 GIS 的哪些特点?

讨论 3:列举一个网络 GIS 的实际应用,谈谈它是“GIS+”互联网还是“互联网+”GIS?

讨论 4:新地理与 VGI 是否一致?

讨论 5:“互联网+”GIS 与“GIS+”互联网是一回事吗?

作业 1:Web 的基本原理是什么?

作业 2:Internet 网络协议是什么?

作业 3:查阅资料,了解网络测绘空间。

思政 1:本章的知识对应于互联网的哪些思维?

思政 2:日常软件中哪些应用了互联网思维?

思政 3:互联网思维对我们学习的启示有哪些?

2 技术基础

本章主要联系的课程:“计算机基础”。

随着 Web 由 1.0 向 2.0 的发展,基于 Web 的 Web GIS 也随之发展,形成 Web 2.0 GIS。本章首先介绍 Web 2.0 及其相关的技术;然后介绍 Web 2.0 环境下的 Web 应用程序框架及其发展历程;最后分析 Web 2.0 环境下的 Web GIS 应用程序体系与相关技术。

2.1 Web 技术

Web 技术指的是开发互联网应用的技术总称。Web 2.0 是重视用户体验的 Web 应用,用户体验感的增强也离不开 Web 图形语言和脚本语言的发展。

2.1.1 计算机网络

计算机网络,简称网络,由若干结点和连接这些结点的链路组成(图 2.1)。结点可以是计算机、集线器、交换机、路由器等。网络的概念涉及互连网、互联网、因特网、万维网等。

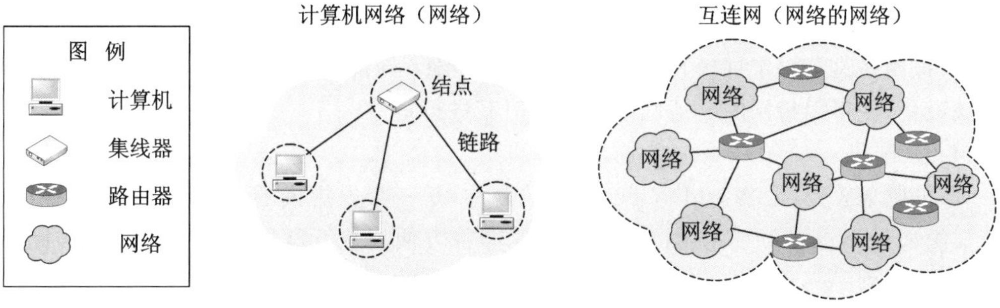

图 2.1 简单的网络和由网络构成的互连网

(1) 互连网

网络之间可以通过路由器互连起来,这就构成一个覆盖范围更广的计算机网络,这样的网络称为“互连网”(internetwork 或 internet)。以小写字母 i 开头的 internet 是一个通用名词,泛指多个计算机网络互连而成的计算机网络。互连网是网络的网络(如图 2.1 所示,云包含了和网络相连的计算机)。有时,可以将计算机画到云的外面(图 2.2)。网络把许多的计算机连接在一起,而互连网则把许多网络通过路由器连接在一起。习惯上,与网络连接的计算机常称作主机(host)。可以任意选择在这些网络之间的通信协议(通信规则),不一定非要使用 TCP/IP 协议。

图 2.2　互连网与所连接的主机

(2) 互联网

以大写字母 I 开始的 Internet(互联网或因特网)是一个专用名词,指当前全球最大的、开放的、由众多网络相互连接而成的特定互连网,它采用 TCP/IP 协议族作为通信的规则。一般分为以下三类:

① 局域网:物理尺寸一般不大于 10 km,只使用一种传输介质。从地域上看,局域网通常是用在一座建筑物或一个工厂内,使用上通常是某一单位或某一部门使用,规模上一般不超过几百个用户。

② 城域网:是一种比局域网更大的网,通常覆盖一个城市,从几十千米到 100 km 不等,可能会有多种介质,用户的数量也比局域网更多。

③ 广域网:一切大于城域网的网都可称为广域网。不同的局域网、城域网或广域网还可以根据需要互相链接构成规模更大的国际网。

(3) 因特网

因特网是互联网中的一种,它不是仅由两台机器组成的网络,而是由上千万台设备组成的网络(该网络具备一定规模)。设备接入因特网必须具备一个公网地址,用于在因特网中标记该设备,使得因特网的其他网络设备能对其进行定位。

(4) 万维网

万维网(WWW)是 World Wide Web 的简称,是一个大规模的、联机式的信息存储所,其英文简称是 Web。万维网用链接的方式能非常方便地从互联网上的一个站点访问另一个站点(链接到另一个站点),从而主动按需获取丰富的信息(图 2.3)。

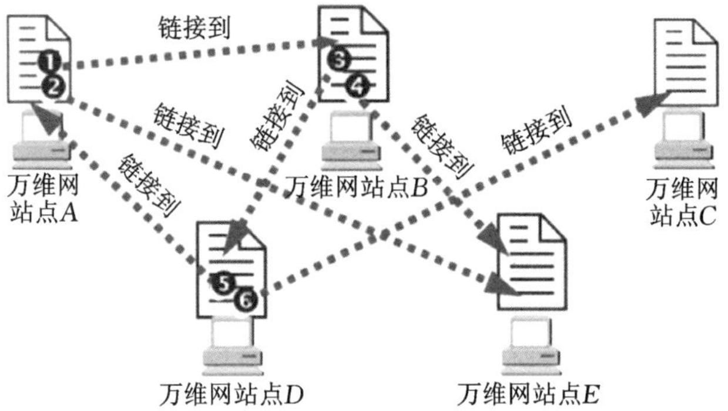

图 2.3　万维网提供分布式服务

每一个万维网站点都连接在互联网上，都存放了许多文档。在这些文档中有一些地方的文字用特殊方式显示，当鼠标移动到这些地方时，鼠标的箭头就变化(如变成一个手的形状)，这就表明这个地方有一个链接(link)，有时候这个链接称为超链接。如果在这个地方点击鼠标，就可以从这个文档链接到可能相隔很远的另一个文档。Web 只是 Internet 上的一个应用层服务，除了 Web 外，QQ、E-mail 等也是 Internet 上其他类型的应用层服务。

万维网是超文本系统的扩充，是一个分布式的超媒体系统。所谓超文本，是指包含指向其他文档的链接的文本。一个超文本由多个信息源链接而成，而这些信息源可以分布到世界各地，并且数目也不受限制。超文本是万维网的基础。超媒体与超文本的区别是文档内容不同，超文本文档只有文本信息；超媒体文档还包含其他表达方式的信息，如图形、图像、声音、视频等。

简单地说，互联网包含因特网，因特网包含万维网。

(5) 网络体系与协议

计算机网络体系结构是指计算机网络层次结构模型，它是各层的协议及层次之间的端口的集合。事实上，国际标准 TCP/IP(transmission control protocol/internet protocol，传输控制协议/网际协议)由它的 2 个主要协议即 TCP 协议和 IP 协议而得名。协议既可以是便于人阅读和理解的文字描述，也可以是便于计算机理解的程序代码，其要素包括语法、语义和同步。TCP/IP 是 Internet 上所有网络和主机之间交流时所使用的共同"语言"，是 Internet 上使用的一组完整的标准网络连接协议。通常所说的 TCP/IP 协议实际上包含了大量的协议和应用，且由多个独立定义的协议组合在一起。因此，更确切地说，应该称其为 TCP/IP 协议集。

TCP/IP 共有 4 个层次，分别是网络接口层、网际层、传输层和应用层(图 2.4)。

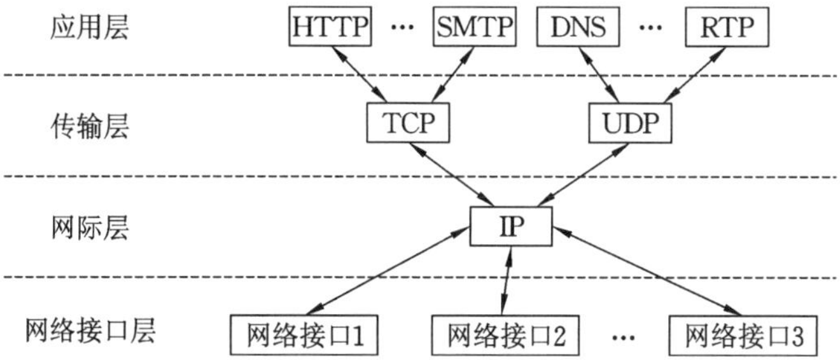

图 2.4　TCP/IP 的 4 层协议示意图

① 网络接口层(网络访问层)：TCP/IP 模型的最底层，包括可使用 TCP/IP 与物理网络进行通信的协议。TCP/IP 标准并没有定义具体的网络接口协议，而是旨在提供灵活性，以适应各种网络类型，如 LAN、MAN 和 WAN。这也说明，TCP/IP 协议可以运行在任何网络上。

② 网际层：Internet 标准正式定义的第一层，它所执行的主要功能是处理来自传输层的分组，将分组形成数据包(IP 数据包)，并对该数据包在不同网络之间的路径进行选择，最终将数据包从源主机发送到目的主机。在网际层中，最常用的协议是网际协议 IP，其他一些协议用来协助 IP 的操作。

③ 传输层(主机至主机层):负责主机到主机之间的端对端可靠通信,它使用了 TCP 和 UDP(用户数据报协议,User Datagram Protocol)协议来支持 2 种数据的传送方法。

④ 应用层:提供网络服务,如文件传输、远程登录、域名服务和简单网络管理等。

2.1.2 Web 2.0

Web 2.0 是相对 Web 1.0(2003 年以前的互联网模式)而言的新一类互联网应用的统称,是一次从核心内容到外部应用的革命。

(1) Web 2.0 的概念

Web 1.0 到 Web 2.0 的转变,具体地说,从模式上,是由单纯的"读"向"写""共同建设"发展,由被动地接收互联网信息向主动创造互联网信息迈进;从基本构成单元上,是由"网页"向"发表/记录的信息"发展;从工具上,是由互联网浏览器向各类浏览器、RSS 阅读器等内容发展;从运行机制上,是由"Client Server"向"Web Services"转变;作者由程序员等专业人士向全部普通用户发展。表 2.1 列举了 Web 2.0 与 Web 1.0 的部分对应实例。

表 2.1 Web 2.0 与 Web 1.0 的部分对应实例

Web 1.0	Web 2.0
个人网站	博客(Blog)
屏幕抓取(screen scraping)	网络服务(Web services)
发布	参与
内容管理系统	维基(Wiki)
目录(分类)	标签("分众分类"等)
黏性	聚合

总之,Web 2.0 是以 Flickr、Craigslist、Linkedin 等网站为代表,以 Blog、TAG、SNS、RSS、Wiki 等应用为核心,依据六度分隔、XML、Ajax 等新理论和技术实现的互联网新一代模式。

(2) Web 2.0 的特点

① 多人参与。在 Web 1.0 里,互联网内容是由少数编辑人员(或站长)定制的,比如各门户网站;而在 Web 2.0 里,每个人都是内容的供稿者。

② 人是灵魂。Web 2.0 的灵魂是人。

③ 可读可写。Web 1.0 是"阅读式互联网",而 Web 2.0 是"可写可读互联网",如维基。

④ Web 2.0 网站与 Web 1.0 没有绝对的界线。

⑤ Web 2.0 的核心不是技术而在于指导思想。

(3) Web 2.0 的基本原则

① 互联网作为平台。

② 利用集体智慧,如百度百科、分众分类、协作式垃圾信息过滤。

③ 轻量型编程模型。根据 Amazon 的报道,95% 的使用来自于轻量型 REST(representational state transfer,表述性状态转移式)服务而不是 SOAP(simple object access protocol,简单对象访问协议)。

④ 丰富的用户体验。

总之,Web 2.0 公司核心竞争力包括:服务,而不是打包的软件;控制独特的、难以再造的数据源,用户越多内容越丰富;把用户作为共同开发者来信任;利用集体智慧;通过客户的自服务来发挥长尾的力量;轻量型的用户界面、开发模式和商业模式。

2.1.3　Web 图形语言

HTML5 与 WebGL 是与图形相关的网页语言。主流的浏览器 Google Chrome 及 Mozilla Firefox 均致力于“HTML5＋WebGL”的 3D 网页技术方案的发展。

2.1.3.1　HTML5

HTML5 是互联网的下一代标准,被认为是互联网的核心技术之一。HTML5 将 Web 带入一个成熟的应用平台,在这个平台上,对视频、音频、图像、动画及与设备的交互都进行了规范。

(1) HTML5 的＜canvas＞元素

＜canvas＞是 HTML5 中最受欢迎的元素,起初是由 Apple 公司为了向用户提供绘制矢量元素功能而提出的。它用于在 Web 中绘制各种图形,即在页面上划出一片画布区域,利用 JS 在上面画出图形。Canvas 中规定了 2D context 和 3D context (WebGL),目前绝大部分浏览器支持 2D context。2D 图形包括基本图形绘制(例如线、矩形、圆弧)、文字绘制、图形变换、图片绘制及合成等。Canvas 是基于像素的绘图,其结果为位图。图 2.5 所示为＜canvas＞实例图形,其程序如下:

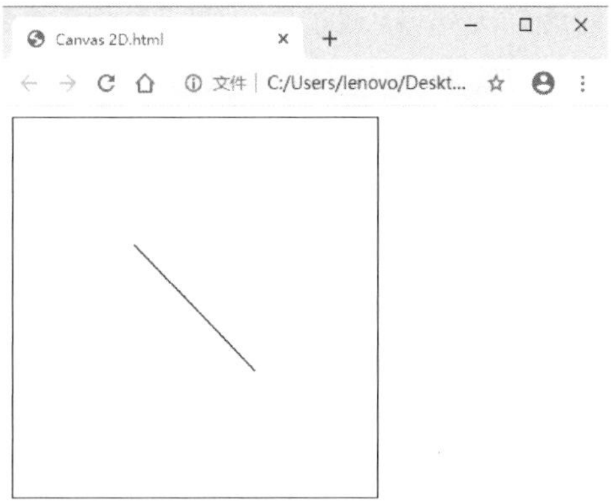

图 2.5　＜canvas＞实例图形

```
<! DOCTYPE html>
<html>
<head>
    <meta charset="UTF- 8">
    <title> </title>
</head>
<body>
    <canvas id="myCanvas" width="300" height="300" style="border:1px solid black">
    你的浏览器不支持!
    </canvas>
    <script type="text/javascript">
        var canvas=document.getElementById("myCanvas");
        var context=canvas.getContext("2d");
```

```
        //状态设置
        context.moveTo(100,100);
        context.lineTo(200,200);
        //绘制
        context.stroke( );
    </script>
</body>
</html>
```

Canvas 初始是空白的,要在上面用脚本画图,首先需要获得渲染上下文。一般会辅以 DOM 方法 getElementById 取得 canvas 对象的 DOM 节点,然后通过其 getContext 方法取得其画图操作上下文,该方法接受一个用于描述其类型的值作为参数,如"2D"和"webgl"。canvas 只有两个属性,width 和 height 两个都是可选的,并且都可以用 DOM 或者 CSS 来设置。如果不指定 width 和 height,默认的值是宽 300 像素、高 150 像素。

HTML5 支持 SVG。Canvas 和 SVG 是不同的,SVG 是一种使用 XML 描述 2D 图形的语言,Canvas 通过 JavaScript 来绘制 2D 图形,这两种绘制方法的实现方式虽然可以达到同样的效果,但绘制和修改的方式却大不相同,也有各自的优缺点。

Canvas:依赖分辨率;不支持事件处理器;文本渲染能力弱;能够以.png 或.jpg 格式保存结果图像;最适合图像密集型的游戏,其中许多对象会被频繁重绘。

SVG:不依赖分辨率;支持事件处理器;最适合带有大型渲染区域的应用程序;复杂度高会减慢渲染速度(任何过度使用 DOM 的应用都不快);不适合游戏应用。

(2) HTML5 的地理定位

现今移动网络备受青睐,用户对实时定位的要求也越来越高。HTML5 利用引入 Geolocation 的 API,通过 GPS 或网络信息实现用户的定位功能,定位更加准确、灵活。通过 HTML5 进行定位,除了可以定位自己的位置,还可以在他人对你开放信息的情况下获得他人的定位信息。

(3) HTML5 的特点

HTML5 允许程序通过 Web 浏览器运行,并且将视频等目前需要插件和其他平台才能使用的多媒体内容也纳入其中,这将使浏览器成为一种通用的平台,用户通过浏览器就能完成任务。此外,用户还可以访问以远程方式存储在"云"中的各种内容,不受位置和设备的限制。由于 HTML5 技术中存在较为先进的本地存储技术,所以其能做到降低应用程序的响应时间,从而为用户带来更便捷的体验。但也存在如下缺点:

① 开放性带来的困扰。在以前网络平台上存在大量的专利产品,想要实现 HTML5 技术的大量应用,首先就需要将这些专利性的产品变为开放式的产品,由于各种原因,当前面对这一问题还存在许多争议。

② 发展的速度有待提升。HTML5 提出了一些新技术,滞后于许多主流浏览器。同时,由于 HTML5 的不成熟,当前关于 HTML5 的相关技术标准还没有完全确定,所以在短时间想要将其投入大规模应用还比较困难。

③ 技术手段不完善。

2.1.3.2 WebGL

WebGL(Web Graphics Library,Web 图形库)是一个 JavaScript API,可在任何兼容的 Web 浏览器中渲染高性能的交互式 3D 和 2D 图形,而无须使用插件。

(1) WebGL 概述

WebGL 结合了 OpenGL ES 2.0(embedded system,嵌入式系统)与 JavaScript,能直接与 GPU(Graphics Processing Unit,图形处理单位)通信。WebGL 向 GPU 输入数据,通过充分利用显卡来渲染 Web Browser 展示的 3D 场景和模型。这样,WebGL 就可以为 HTML5 canvas 提供硬件 3D 加速渲染。OpenGL ES 是 OpenGL 的子集,专门针对嵌入式设备(如手机、POS 机)设计的,具有更小的硬件消耗和内存占用,应用在浏览器中就可以减少浏览器的负担。

基于 WebGL 的 JavaScript 三维函数库有 Blend4Web、Three.js(开发应用类)、Cesium、Egert.js(开发游戏类)等。其中,Three.js 是一个用于在浏览器中绘制 3D 图形的 JS 库,其底层实际是对浏览器提供的 WebGL API 进行了封装,类似于 JS 与 JQuery 的关系,甚至不需要 WebGL 基础就能够上手使用。总体来说,WebGL 具有如下特点:WebGL 是一种通用的 3D 绘图协议;利用图形硬件加速图形绘制,绘制渲染速度大大提高;支持在本地浏览器上运行,不需要任何插件。

(2) WebGL 页面的软件结构与设计

WebGL 内嵌在浏览器中,不必安装任何插件和库就可以直接使用,因而能运行于多种平台,如个人计算机、平板电脑、智能手机等。WebGL 页面的软件结构如图 2.6 所示。

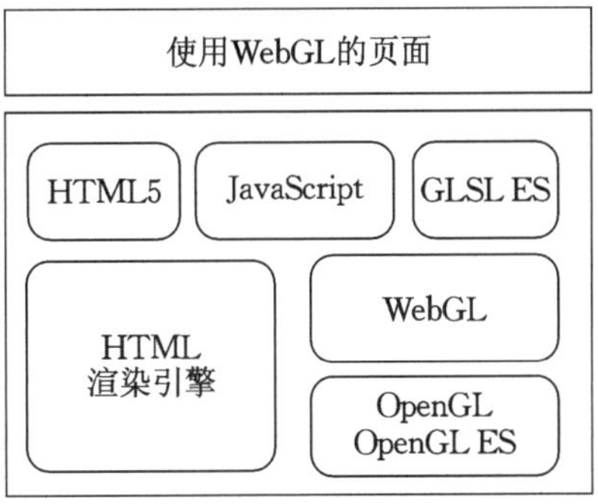

图 2.6 WebGL 页面的软件结构

WebGL 的动态页面由 HTML5、JavaScript 和 GLSL(OpenGL Shading Language,OpenGL 着色语言)构成,其中 HTML5 和 JavaScript 会使用底层 HTML 渲染引擎提供的功能,而 JavaScript 和 GLSL 则会使用底层 WebGL 提供的图形渲染功能。大部分 WebGL 的程序设计主要包括以下几步:通过 JavaScript 获得 canvas 元素,获得 canvas 的绘图操作上下文,初始化着色器,最后清除 canvas 背景色并执行绘图过程。

2.1.4 Web 脚本语言

脚本语言(script language,scripting language,scripting programming language)是为

了缩短传统的编写—编译—链接—运行(edit-compile-link-run)过程而创建的计算机编程语言。它是基于对象和事件驱动的,通常是解释执行而非编译,具有无类型性、解释性、简单性和高效性等特征。虽然许多脚本语言都超越了计算机简单任务自动化的领域,成熟到可以编写精巧的程序,但仍然还是被称为脚本。几乎所有计算机系统的各个层次都有一种脚本语言,包括操作系统层,如计算机游戏、网络应用程序、字处理文档、网络软件等。脚本语言具有如下特点:

① 脚本语言介于 HTML 和 C\C++、Java、C# 等编程语言之间。

② 脚本语言与编程语言也有很多相似地方,其函数与编程语言比较像一些,其也涉及变量。在许多方面,高级编程语言和脚本语言之间互相交叉,二者之间没有明确的界限。脚本语言与编程语言之间最大的区别是编程语言的语法和规则更为严格和复杂一些。

③ 脚本语言是一种解释性语言,如 Python、VBScript、JavaScript 等。C\C++等编程语言先编译(成二进制代码)后执行,而脚本语言是在程序的运行过程中逐行(由解释器)解释执行,不需要编译成二进制代码。程序代码既是脚本程序,又是最终可执行文件。在计算机内部,解释器把源代码转换成字节码的中间形式,然后再把它翻译成计算机使用的机器语言并运行。脚本语言可分为独立型和嵌入型,独立型脚本语言在其执行时完全依赖于解释器,而嵌入型脚本语言通常在编程语言中(如 C、C++、VB、Java 等)被嵌入使用。

④ 脚本语言一般都是以文本形式存在,类似于一种命令。

2.1.4.1 JavaScript

JavaScript(JS)是一种具有函数优先的轻量级、解释型或即时编译型的编程语言。虽然它是作为开发 Web 页面的脚本语言而出名,但是它也被用到了很多非浏览器环境中,如服务器端。

(1) JavaScript 的组成与功能

JavaScript 由 ECMAScript、文档对象模型(DOM)、浏览器对象模型(Browser Object Model,BOM)三个部分组成。其中,ECMAScript 用于描述语法和基本对象;文档对象模型(DOM)用于描述处理网页内容的方法和接口;浏览器对象模型(Browser Object Model,BOM)用于描述与浏览器进行交互的方法和接口。

JavaScript 的主要功能:嵌入动态文本于 HTML 页面;对浏览器事件做出响应;读写 HTML 元素;在数据被提交到服务器之前验证数据;检测访客的浏览器信息;基于 Node.js 技术进行服务器端编程。

Node.js 是一个基于 Chrome V8 引擎(V8 引擎,执行 JavaScript 的速度非常快,性能非常好)的 JavaScript 运行环境,是一套用来编写高性能网络服务器的 JavaScript 工具包。即"Node.js=运行环境+ JavaScript 库"。它是快速构建可扩展网络应用的最好平台之一,具有两个主要特点:异步事件驱动特性促使性能大幅度提高,高效的编程效率节省了开发时间。

(2) JavaScript 的基本特点

JavaScript 是一种属于网络的高级脚本语言,已经被广泛用于 Web 应用开发,常用来为网页添加各式各样的动态功能,为用户提供更流畅美观的浏览效果。通常 JavaScript 脚本是通过嵌入在 HTML 中来实现自身功能的。有些特殊功能(如 Ajax)必须依赖 JavaScript 在客户端进行支持。JavaScript 具有以下基本特点:

① 脚本语言。JavaScript 是一种解释型的脚本语言。

② 基于对象。JavaScript 是一种基于对象的脚本语言,它不仅可以创建对象,也能使用现有的对象。

③ 简单。JavaScript 语言中采用的是弱类型的变量类型,对使用的数据类型未做出严格的要求,是基于 Java 基本语句和控制的脚本语言,其设计简单紧凑。

④ 动态性。JavaScript 是一种采用事件驱动的脚本语言,它不需要经过 Web 服务器就可以对用户的输入做出响应。在访问一个网页时,在网页中进行鼠标点击或上下移、窗口移动等操作,JavaScript 都可直接对这些事件给出相应的响应。

⑤ 跨平台性。JavaScript 脚本语言不依赖于操作系统。

(3) JavaScript 实例

JavaScript 是因特网上最流行的脚本语言。如果需要把一段 JavaScript 插入 HTML 页面,需要使用<script>标签(同时使用 type 属性来定义脚本语言)。document.write 字段是标准的 JavaScript 命令,用来向页面写入输出。JavaScript 的 Hello World 程序如下:

```
<html>
  <body>
    <script type="text/javascript"> document.write("Hello World!");</script>
  </body>
</html>
```

2.1.4.2 Python

Python 由荷兰数学和计算机科学研究学会的 Guido van Rossum 于 20 世纪 90 年代初设计,它提供了高效的高级数据结构,还能简单有效地面向对象编程。

(1) Python 的主要特点

除了一般脚本语言的解释性、可扩展性、可扩充性、可嵌入性等外,Python 还具有如下特点:

① 简单。Python 是一种代表简单主义思想的语言。阅读一个良好的 Python 程序就感觉像是在读英语一样,它使你能够专注于解决问题而不是去搞明白语言本身。

② 免费、开源。Python 是 FLOSS(自由/开放源码软件)之一。使用者可以自由地阅读它的源代码,对它做改动,把它的一部分用于新软件中。

③ 面向对象。Python 既支持面向过程的编程也支持面向对象的编程。在"面向过程"的语言中,程序是由过程或仅仅是可重用代码的函数构建起来的。在"面向对象"的语言中,程序是由数据和功能组合而成的对象构建起来的。Python 是完全面向对象的语言,函数、模块、数字、字符串都是对象,并且完全支持继承、重载、派生、多继承,有益于增强源代码的复用性。Python 支持重载运算符和动态类型。

④ 丰富的库。Python 语言的核心只包含数字、字符串、列表、字典、文件等常见类型和函数,而 Python 强大的标准库提供了系统管理、网络通信、文本处理、数据库接口、图形系统、XML 处理等额外的功能。Python 社区提供了大量的第三方模块,功能无所不包,覆盖科学计算、Web 开发、数据库接口、图形系统等多个领域。

⑤ 规范的代码。Python 采用强制缩进的方式使得代码具有较好的可读性。其与其他

大多数语言(如 C)的区别之一就是,一个模块的界限完全是由每行的首字符在这一行的位置来决定的(而 C 语言是用一对花括号{}来明确地定出模块的边界,与字符的位置毫无关系)。通过强制程序员缩进(包括 if、for 和函数定义等所有需要使用模块的地方),Python 确实使得程序更加清晰和美观。

(2) Python 与 MATLAB

说起科学计算,首先会被提到的可能是 MATLAB。然而除了 MATLAB 的一些专业性很强的工具箱还无法被替代之外,MATLAB 的大部分常用功能都可以在 Python 中找到相应的扩展库。和 MATLAB 相比,用 Python 进行科学计算有如下优点:

① MATLAB 是一款商用软件,而 Python 完全免费,众多开源的科学计算库都提供了 Python 的调用接口,用户可以在任何计算机上免费安装 Python 及其绝大多数扩展库。

② MATLAB 主要专注于工程和科学计算,然而即使在计算领域,也经常会遇到文件管理、界面设计、网络通信等各种需求。而 Python 有着丰富的扩展库,可以轻易完成各种高级任务,开发者可以用 Python 实现完整应用程序所需的各种功能。

(3) Python 与 JavaScript

Python 和 JavaScript 都是脚本语言,但存在如下差异:

① 在应用程序方面。开发人员将 Python 用于开发科学应用程序,同时使用 JavaScript 进行 Web 开发及面向用户的功能和服务器开发。Python 比 JavaScript 具有更多的应用程序,游戏、软件程序、移动开发和数据分析完全可以使用 Python 完成,这使其成为许多领域开发人员的热门选择。

② JavaScript 和 Python 经常出现在 Web 开发的相反两端。JavaScript 主要是前端(或客户端)开发语言,而程序员通常在网站项目的后端(或服务器端脚本)使用 Python。JavaScript 通常与 HTML 和 CSS 结合使用,而 Python 通常单独使用。

2.2 Web 应用程序架构

网络通信架构是一种分而治之的策略,其目的是将复杂的互联网通信转换为有限的模块之间的简单通信,以降低网络应用的复杂性和难度。

2.2.1 C/S 与 B/S 模式

网络通信架构可分为三类:P2P 模式、C/S 模式和 B/S 模式。P2P 不区分客户端与服务器,B/S 是采用浏览器作为客户端的特殊 C/S 模式。Web GIS 中,空间信息应用主要采取 B/S 模式。

(1) P2P 模式

端对端技术(P2P)又称对等互连模型,非服务器中转。网络上的各台主机具有相同的功能,无主从之分。任一台计算机都是既可当服务器设定共享资源供网络中其他计算机使用,又可作为工作站。从程序实现上来说,就是一个应用程序同时起到客户端和服务器两种作用。因此,当有节点加入且对系统请求增多时,整个系统的容量也增大。这是具有一组固定服务器的 C/S 结构无法实现的,因为 C/S 中客户端的增加意味着所有用户的数据传输速度会更慢。

(2) C/S 模式

C/S(Client/Server)模型又称 C/S 结构，即客户机/服务器结构，它是在分散式系统、集中式系统和分布式系统的基础上发展起来的。C/S 模型将一个网络事务处理分为两部分(图 2.7)：一部分是客户端(Client)，主要负责界面和处理业务逻辑，并为用户提供网络请求服务的接口，如数据查询请求；一部分是服务器端(Server)，一般以数据处理能力较强的数据库管理系统作为后台，负责接收和处理用户对服务的请求，并将这些服务提供给用户。

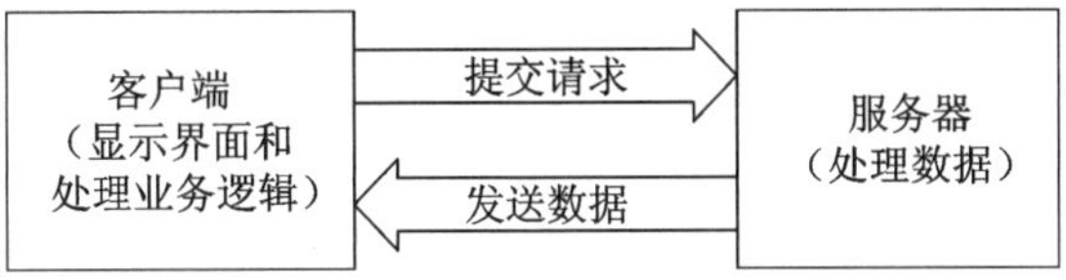

图 2.7 C/S 架构

从程序实现角度来说，客户端和服务器端之间的通信先由服务器端启动 Server 进程，然后等待客户端的请求服务；客户端启动 Client 进程并向服务器申请服务。服务器处理完一个客户端请求信息后再继续等待其他客户端的请求，周而复始地以这样一种方式运行。在这种结构中，服务器硬件需要足够强的处理能力才能满足客户的要求。

C/S 结构的技术较为成熟，其特点是交互性强，具有安全的存取模式，网络通信量低，响应速度快，利于处理大量的数据，可以充分利用两端硬件环境的优势，将任务合理分配到客户端和服务器端来实现，既适用于实际应用程序，又适用于统一的计算和处理。但是它也有缺点，即该结构的程序为针对性开发，不能灵活变更，维护和管理的难度比较大，通常只局限于小型局域网，不利于扩展。

(3) B/S 模式

B/S(Browse/Server)模型即浏览器/服务器模式，也叫 B/S 结构。它只安装维护一个服务器(Server)，而客户端采用浏览器(Browse)运行软件。B/S 结构是随着 Internet 技术的兴起，对 C/S 结构的变化和改进。它和 C/S 并没有本质区别，是 C/S 模型的一种特例，特殊在于这种模型必须使用 HTTP(Hypertext Transfer Protocol，超文本传送协议)。

B/S 结构采用的是三层客户机/服务器结构，在数据管理层(Server)和用户界面层(Client)增加了一层结构，称为中间件(Middleware)，使整个体系分为三层(图 2.8)。三层结构是伴随着中间件技术的成熟而兴起的，核心概念是利用中间件将应用分别表示为界面层、业务逻辑层和数据存储层三个不同的处理层。

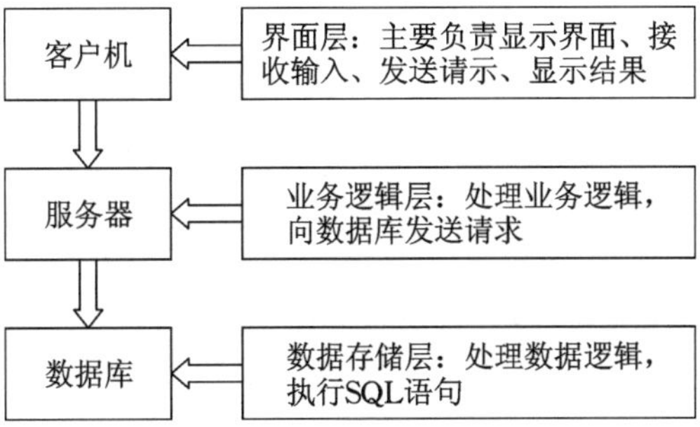

图 2.8 B/S 架构

中间件作为构造三层结构的基础平台，具有如下主要功能：负责客户机与服务器、服务器与数据库之间的连接和通信；实现应用与数据库之间的高效连接。

具有中间件的三层结构在层与层之间相互独立，任一层的改变都不会影响其他层的功能。在 B/S 体系结构系统中，用户通过浏览器向分布在网络上的许多服务器发出请求，服务器对浏览器的请求进行处理，将用户所需信息返回到浏览器。而其余的工作，如数据请求、加工、结果返回及动态网页生成、对数据库的访问和应用程序的执行等，全部由服务器完成。可以看出，B/S 结构相对于 C/S 结构是一个非常大的进步。

B/S 结构的主要特点是分布性强、维护方便、开发简单且共享性强，如一台计算机可以访问任意一个 Web 服务器，用户只需要知道服务器的网址即可访问，不需要针对不同服务器分别提供专门的客户端软件。但 B/S 结构的缺点在于数据存在安全性问题，对服务器要求过高，数据传输慢，软件个性化特点明显降低，而且实现复杂的应用构造有较大困难。

2.2.2 R/S 模式

RIA 用于呈现富用户界面，而服务器端则可以采用 SOA 提供的服务，从而形成一种新的模式，即"R/S＝RIA＋SOA"。R/S 是 Web 应用的下一代架构，是真正实现 Web 2.0 应用程序的基础。

(1) Web 应用程序的三个发展阶段

第一代 Web 应用程序是面向页面的。用户可以将所有 GUI 逻辑（页面逻辑）和应用程序逻辑包含在同一个 Web 页面中[图 2.9(a)]。Web 页面将是由浏览器请求的 Web 服务器执行的脚本。第一代网页技术包括 servlet(Java)、JSP(JavaServer Pages)、ASP、Perl 等。

第二代 Web 应用程序开发人员找到了将页面逻辑与服务器上的应用程序逻辑分离的方法。通常，网页脚本被用于页面逻辑，而实际的类和对象被用于应用逻辑[图 2.9(b)]。这种架构的应用实例包括 ASP.NET(.net)、Struts＋Struts 2(java)、Spring MVC(java)、JSF(JavaServer Faces)等。

RIA Web 应用程序是第三代，它通常使用 HTML5＋JavaScript ＋CSS3、Flex(Flash)、JavaFX、GWT、DART、Ajax 等。GUI 逻辑现在从 Web 服务器转移到浏览器[图 2.9(c)]。这种从服务器逻辑上的完全拆分对于应用程序的设计和体系结构有一定积极性。

① 由于在浏览器中执行 GUI 逻辑，所以生成 GUI 所需的 CPU 时间被从服务器上解除，释放更多的 CPU 周期来执行应用逻辑。

② 由于 GUI 逻辑与应用逻辑完全分离，因此开发可重用的 GUI 组件变得更加容易，无论应用程序逻辑使用什么服务器端编程语言，都可以重用该 GUI 组件。

③ 由于 GUI 和应用逻辑通常通过 HTTP＋JSON/XML 进行通信，所以 GUI 与服务器上使用的编程语言无关。GUI 逻辑调用服务器的接口即可。这意味着可以独立于服务器更改客户端上的编程语言和工具，也可以在不影响客户端的情况下更改服务器工具。

(2) RIA

RIA(Rich Internet Applications，富因特网应用程序)是一种特殊的 Web 应用程序，是一种基于 Web 的 C/S 架构。一方面，RIA 是基于 Web 浏览器的应用，属于 B/S 架构。用户不需要安装任何的客户端软件，只要拥有浏览器即可，用户使用 RIA 像使用普通网页一

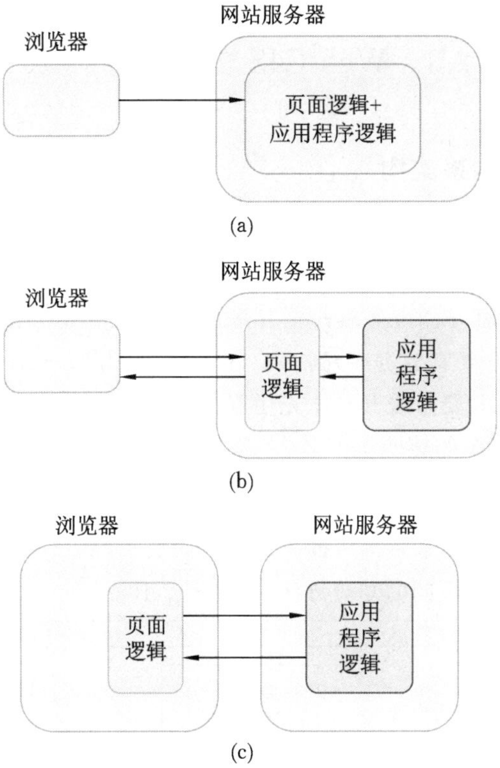

图 2.9 Web 应用程序架构

(a)第一代 Web 应用程序;(b) 第二代 Web 应用程序;(c) RIA Web 应用程序(第三代)

样方便。另一方面,RIA 有一个客户端,属于 C/S 架构。当用户通过浏览器发出指令以运行 RIA 应用程序时,一切都会飞快地建立在客户端机器上。因而,RIA 能提供强大的功能,让用户体验到高交互性。由上可知,RIA 是 C/S 和 B/S 的完美结合,既具有 B/S 方便部署的优点,又具有 C/S 强大前端的优点。

“富”的概念包含两方面:数据模型的丰富和用户界面的丰富。一方面,RIA 技术提供了多种数据模型来处理客户端复杂的数据操作。使用 RIA 可以将部分原本需要在后台程序处理的问题转移到客户端,使数据能够被缓存在客户端,从而可以实现一个比基于 HTML 的响应速度更快且数据往返于服务器的次数更少的用户界面。另一方面,RIA 技术提供了比 HTML 更为丰富的界面表现元素,密集、响应速度快且图形丰富的页面元素与数据模型结合在一起,为用户提供更好的使用体验。

RIA 是集桌面应用程序的最佳用户界面功能与 Web 应用程序的快速、低成本部署功能,以及互动多媒体通信的实时快捷功能于一体的新一代网络应用程序。

RIA 具有的桌面应用程序的特点包括:在消息确认和格式编排方面提供互动用户界面;在无刷新页面之下提供快捷的界面响应时间;提供通用的用户界面特性,如拖放式(drag and drop),以及在线和离线操作能力。

RIA 具有的 Web 应用程序的特点包括:立即部署、跨平台、采用逐步下载来检索内容和数据,以及可以充分利用且被广泛采纳的互联网标准。

2.3 Web GIS 应用程序体系

2.3.1 Web GIS 体系架构

将 Web 服务应用于 GIS，使传统的 GIS 由独立的 C/S 结构或 B/S 结构实现基于 Web 服务体系（如 R/S）的 GIS 的跨越。从 OGC 指定的规范名称中也可以看出 Web GIS 的发展趋势，从 OGC01-065：Web Feature Server Implementation Specificaiton（客户端应用-Web 服务器-Web 要素服务器-要素数据库）到 OGC02-058：Web Feature Service Implementation Specificaiton（客户端-Web 要素服务），原先用服务器后来用服务，这实际上体现了从传统的 Web GIS 向 Web 服务观念的转变。

2.3.1.1 典型的 Web GIS 结构

一个基本的 Web GIS 体系结构可抽象成不同的层次，从功能和逻辑两个不同的角度出发，系统的整体结构有两种不同的划分方法，详见图 2.10。

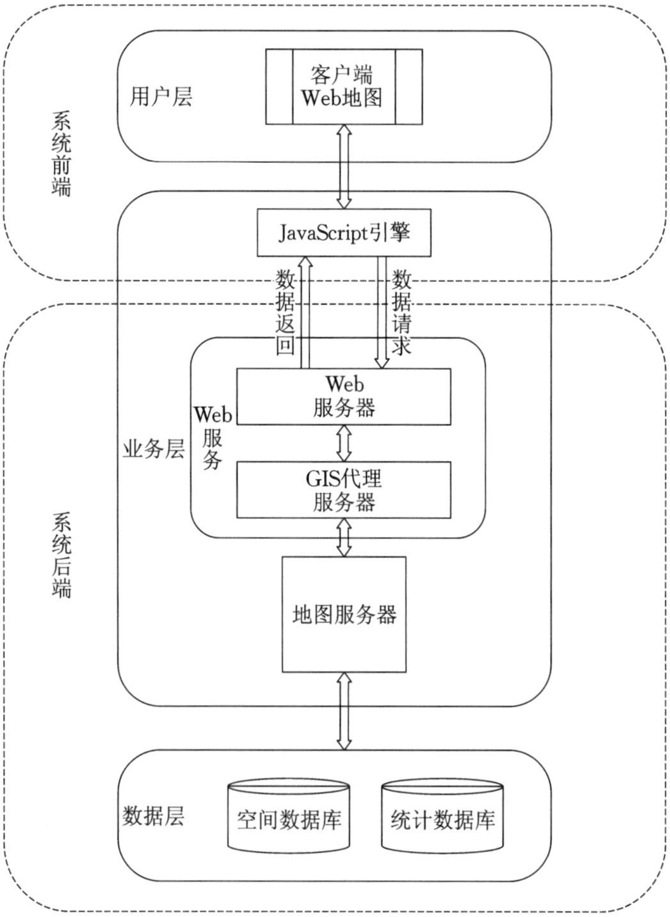

图 2.10 Web GIS 的基本架构

(1) 基于功能的层次划分

系统从功能性上可以划分为:用户层、业务层和数据层。OGC01-065 描述的 Web GIS 架构属于此类。

① 用户层的 Web 地图应用主要负责地理数据的可视化,划分为多个前端模块,实现了地理数据的展示、查询和编辑,为用户提供了良好的交互体验。

② 业务层可以划分成 JavaScript 引擎、Web 服务和地图服务三个部分。Web 服务包含 Web 服务器和 GIS 代理服务器。业务层负责处理用户与地图的交互及交互所产生的数据请求,执行与数据库有关的操作。

③ 数据层负责存储 GIS 中的空间数据。

(2) 基于逻辑的层次划分

系统从整体逻辑上可以分为:前端和后端。OGC02-058 描述的 Web GIS 架构属于此类。

① 前端包括客户端 Web 地图和 JavaScript 引擎,在系统中负责与用户直接发生互动和响应用户的操作,它们共同构成了 Web 地图应用。前端框架选择主要考虑到易用性、维护性和功能性。目前比较流行的前端框架有 Vue、React 和 Angular 等,其中 Vue 最为轻量级、易上手且扩展性好,因此可以选择 Vue 作为前端框架。

② 后端主要负责处理数据接口请求和数据存储,包括 Web 服务、地图服务器及数据库,这些组分不与用户直接接触,它们负责在后台进行数据的管理和响应前端数据请求。根据项目规模和需求,可以选择 Flask、Django、Express、Spring 等框架。其中,Flask 是一款轻量级、灵活的框架,易于搭建,因此可以选择 Flask 作为后端框架。

2.3.1.2 各层间的通信过程

① 用户在客户端也就是浏览器的 Web 地图应用中进行地图操作或者数据请求时,JavaScript 引擎层就会向业务层 Web 服务端中的 Web 服务器发送数据请求,Web 服务器在接收到客户端传来的数据请求之后,通过 GIS 代理服务器将数据请求解析成地图服务器能够接收处理的 GIS 数据操作命令,之后再向数据层中数据库发送具体的数据库查询语句。

② 数据层在接收到数据请求之后,在数据库内部执行查询语句,并将查询到的空间数据或统计数据结果返回给地图服务器,之后 GIS 代理服务器会对数据进行重新组织,使得客户端在接收到返回数据之后可以直接使用数据,不用再对数据进行结构上的修改,这样就能够降低客户端的负担,使得数据的加载渲染更为高效。GIS 代理服务器完成数据的结构调整之后,将数据传递给 Web 服务器,Web 服务器再将数据发送给客户端,客户端完成空间数据的加载。

2.3.1.3 Web GIS 结构的发展

早期的 Web GIS 通常是典型的三层 B/S 架构[图 2.11(a)],包括前端的 Web 浏览器、后台 Web 服务器及数据服务器,而 GIS 服务功能则内潜在 Web 应用程序中。为了更大程度便于地理数据及 GIS 功能的共享和二次开发,通常将 GIS 服务单独部署[图 2.11(b)]。

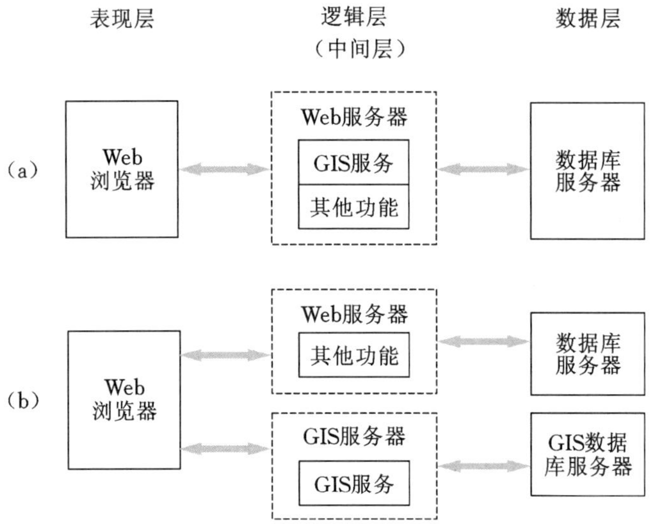

图 2.11 Web GIS 架构的发展

(a) 典型的三层结构;(b) 扩展的三层结构

在上述架构中,可以利用现有的 GIS 服务,如 Google、Microsoft、OSM、百度、高德的地图服务,也可以利用商业 ArcGIS Server 或开源的 GeoServer 等地理信息服务软件将地理信息发布为服务,在客户端利用 JavaScript 调用这些服务以便在系统中集成地图及 GIS 功能。值得一提的是,数据层的服务器还可以调用其他的服务,从而将典型的三层结构扩展至 n 层。

2.3.2 Web GIS 技术生态

信息生态理论是用生态学角度分析信息的理论。生态学原本是生物学的一个分支学科,目前向多学科交叉渗透,继而跨越自然科学与社会科学之间的鸿沟,产生了信息生态。Web GIS 技术生态的基本特征:层次性(单个软件、多个功能相似软件组成的种群、实现 Web GIS 的多个种群构成的群落)、生态位(软件的适用范围)、开放性(如开源)、交互性(用户参与软件的创造)。物种与环境的交互作用有演替(如闭源向开源的更替)和演化(如 Web 架构由 C/S 到 B/S、R/S 的演化)。

2.3.2.1 用户层的技术

客户端是用户在 Web GIS 中与空间对象和分析功能进行交互的场所。它也是网络 GIS 程序向用户呈现输出的地方。客户端的软件可视为客户端群落,包括 2D、2.5D、3D、移动端和位置服务端的种群;每个种群又分为若干个独立的软件。同一种群内的不同单个软件存在生态共位特性,因而具有竞争的关系;不同种群的软件之间具有一定的互利共生关系。

(1) 2D、2.5D 地图制图工具:地理信息服务使用 OpenScales 或者支持 JavaScript 的

Openlayers、MapGuide、Leaflet、SharpMap 等轻量级的地图容器进行前端展示。前端其他数据展示使用 JavaScript。

(2) 3D 地图制图工具:OSG GIS 开源三维渲染引擎、Cesium(支持 3D 和 LOD,地图、对象及场景等能与时间相关联)、OSG earth、ogre、NASA World Wind 虚拟地球仪软件。

(3) 移动互联网地图客户端:Navit(C)、GpsDrive(C)、Gpsvp(智能手机导航软件)、LuckyGPS(C++,整合了最经典的 CH 路径规划算法,是一款经典的导航软件)。

(4) 位置服务:sse4j、Java 开发的提供地理信息数据源构建的垂直搜索引擎应用接口、针对在线地图服务(互联网或移动互联网)的服务端,能够提供 POI 搜索、道路搜索、区域搜索、地址匹配、路径规划、公交换乘和无线定位等功能。

(5) Web GIS 客户端:FGMAP,一个仿 Google Maps API for Flash 做的 Web GIS 客户端组件,允许 Flex 开发人员将 Google Maps、MapABC 地图、Bing 地图嵌入 Flash 应用程序中,而不需要使用 KEY 或验证。

(6) 数据生产桌面软件:uDig、QGIS、GRASS、OpenJUMP、OpenEV、gvSIG、Diva GIS、OrbisGIS、Whitebox GAT、MapWindow、OpenStreetMap。QGIS 及 uDig 项目完全可以满足普通制图和数据采集人员的需要,具有对地理空间信息进行简单编辑、查询等功能。

2.3.2.2 业务层的技术

Web 服务器:通过 HTTP 响应来自 Web 浏览器的请求,如 Tomcat、apache(可做网站服务器又可做反向代理、负载均衡)、niginx(反向代理)。其中,Tomcat 服务器是一个免费的开放源代码的 Web 应用服务器,属于轻量级应用服务器,在中小型系统和并发访问用户不是很多的场合下被普遍使用,是开发和调试 JSP 程序的首选。实际上 Tomcat 是 Apache 服务器的扩展,但运行时它是独立的。

GIS 服务器:可以使用 GeoServer、MapServer、Mapnik、TileCache、MapTiler、ArcGIServer 等服务器生产地图瓦片,注册和发布地理信息服务,从而实现 WMS、WTMS、WFS 和 WCS 等服务。

2.3.2.3 数据库层的技术

关系型数据可以使用 PostGIS 或者 MySQL,非关系型数据使用 MongoDB 数据库(瓦片、图像)。其中,PostGIS 的 temporal 模块可用于移动对象数据库,进行时态分析,如给定一个物体在某个时间范围的轨迹数据,查找有没有与这个物体接触的轨迹。

数据库管理工具可以方便地对数据库进行管理、维护和优化。目前比较优质的数据库管理工具有 PgAdmin、Navicat 等,其中 PgAdmin 是一款免费且开源的数据库管理工具,支持 PostgreSQL 的管理和维护。

2.3.2.4 其他相关技术

(1) 标准层:主要是用于制定各类标准。①OGC(Open GIS Consortium,开放地理信息系统协会)和 ISO/TC 211。前者为国际组织制定的规范添加详细的实现标准,侧重于系统的实现;后者所制订的 ISO 19100 系列地理信息标准属于基础性的标准,注重概念性规格叙述,独立于执行平台外。Open GIS 是网络环境下对不同种类地理数据和处理方法的透明访问。②OSGeo(Open Source Geospatial Foundation,开源地理空间基金会)是一个非盈利组织,其主要目标是支持和推广开源地理空间技术和数据的协作开发。OSGeo 也作为开源地理空间社区的延伸,提供了公共论坛及跨项目协作的共享基础。

(2) 组件层:GDAL/OGR、PROJ.4 和 GEOS,作为开源地理信息函数库,是地理信息软件开发的三驾马车,搭建了地理信息软件的基础。

(3) 开源元数据目录:GeoNetwork,是一个标准化的分布式空间信息管理平台,设计用于访问具有空间特征的数据库、地图产品及相关各种来源的元数据,从而促进基于因特网的空间信息交换与共享。

(4) 部署环境:部署环境在开源 Web GIS 方案中也是十分关键的,涉及操作系统(如 Linux)、Nginx 服务器和虚拟化或云环境(VirtualBox、OpenStack、Docker)。其中,Linux 操作系统是开源、快速、安全和稳定的操作系统,适用于部署 Web 应用、网络服务器等;Nginx 服务器是一款高性能的 Web 服务器和反向代理服务器,可以提高 Web 应用程序的性能和规模化适应能力;Docker 是一款轻量级、移植性强的容器技术平台,可以确保应用程序在任何环境下都能够正常运行。

2.3.2.5 Web GIS 软件链

Web GIS 的架构是分层的,每层有许多不同的实现技术,包括开源的和闭源的软件或函数库。这就提出了如何根据实际应用对每层技术进行筛选的问题。通常,如果是 Java 版项目,有"PostgreSQL/PostGIS(数据库)+ GeoServer(服务器)+ Openlayers(JS)/OpenScale (FLex)(浏览器客户端)+ Tomcat + uDig(桌面软件)组合"(图 2.12)。如果是.NET版项目,有两种组合:基于 Web 环境的组合"PostGIS + SharpMap/MapWindow6 + TileCache + OpenLayers",基于桌面环境的组合"PostGIS + NetTopologySuite + SharpMap/MapWindow6"。上述每个组合都是一个食物链,多个相互联系的食物链就构成了食物网。

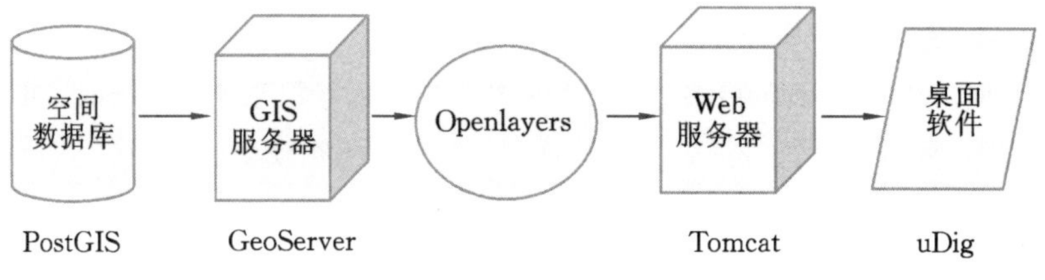

图 2.12 Java 版的 Web GIS 架构

上述开源 Web GIS 的系统框架以 PostGIS 为数据层、GeoServer 服务器为地图服务层、OpenLayers 为视图层。Web 服务层响应客户端请求,根据请求类型调用 GeoServer 服务器所提供的地图图层;GeoServer 从 PostGIS 数据库中调用地理数据并通过 OpenLayers 进行地图渲染,最后通过 Web 服务器返回给客户端,从而完成用户请求地理数据的响应。

2.4 实训项目：三维网络 GIS 构建

“三维网络 GIS 构建”实训项目相关内容见表 2.2。

表 2.2 “三维网络 GIS 构建”项目

实训目标	知识目标	掌握云 GIS 的概念，熟悉三维网络 GIS 构建的基本原理，认识二维与三维混搭的问题，了解三维纹理贴图的思路
	能力目标	能够利用三维地图引擎 Cesium 搭建简单的三维网络 GIS 系统，并能够实现其与二维地图/遥感的叠加融合
	价值目标	让学生认识到网络 GIS 在数据上包括二维和三维两种基本类型，理解这两类数据并存且不能相互取代的意义，培养学生共存共生的生态观，倡导人类命运共同体意识
实训原理	在客户端安装 Cesium 三维地图引擎，并与服务器端发送的地图或遥感数据进行叠加	
实训方法	在云端安装配置 GeoServer 服务器，在客户端安装 Cesium，并实现二维、三维数据的混搭和叠加	
实训要求	下载 Cesium 软件和三维 DEM 数据，完成 DEM 数据叠加地图的三维展示	
注意事项	不同来源数据存在坐标系上的差异，叠加时需要对准	
问题与处理	在坐标系不确定的条件下，需要手动进行对准	

限于篇幅，“三维网络 GIS 构建”实训指导书可扫描下方（左侧）二维码查看；有关“三维网络 GIS 构建”实训项目的操作视频，可扫描下方（右侧）二维码观看。

【实训指导书】　　　　【操作视频】

思　考　题

讨论 1:生活中哪些交流是单向的?哪些交流是双向的?

讨论 2:Web 与本地应用程序之间是否存在相似性?

讨论 3:有人认为开放源代码是一种哲学思想,有人则把它当成一种实用主义,你如何看?

讨论 4:互联网思维与 Web 2.0 理念是一回事吗?

作业 1:Node.js 是什么,其功能有哪些特点?

作业 2:JavaScript 是一种脚本语言,在 Web GIS 中许多应用(包括软件、函数库等)由 JavaScript 开发或支持 JavaScript。请同学们从本书或互联网中查询 JavaScript 支持的 Web GIS 技术和由 JavaScript 开发的 Web GIS 应用。

作业 3:Web 应用的分层具有哪些优势?

思政 1:开放源代码,免费获取程序的代码,符合互联网的什么思维?

思政 2:国产 GIS 软件超图的介绍。

思政 3:微软不开源导致落后于安卓。

思政 4:计算机模式的螺旋式发展包括简单到复杂再到简单的往返。例如,计算机由本地→集中式→C/S(需要安装不同的客户端针对不同的应用)→B/S(统一了客户端,但效率没有 C/S 高)→RIA/SOA(C/S 和 B/S 的优势互补,具有本地应用的特点)。

3 Web GIS 数据采集

本章主要联系的课程："测量学""遥感原理"。

Web 信息资源已经成为世界上规模最大的公共数据源，它蕴（暗）含空间元素的数据无处不在，如文本信息、地理标记数据、地理信息服务、在线遥感影像、视频信息等。这些具有空间元素的数据已成为 GIS 领域重要的数据源，是传统地理数据源的有效补充。本章主要围绕网络空间数据源及其获取方式展开，涉及网络空间数据的感知、获取与处理等技术。

3.1 Web 空间参考系

3.1.1 Web 坐标系的概念

坐标系统提供了确定空间位置的参照基准，常见的有地理坐标系和投影坐标系。地理坐标系（Geographic Coordinate System）是使用三维球面来定义地球表面位置，以实现通过经纬度对地球表面点位进行引用的坐标系。它包括角度测量单位、本初子午线和参考椭球体三部分。投影坐标系（Projection Coordinate System）是使用基于（X，Y）值的坐标系统来描述地球上某个点所处的位置。它由地理坐标系（如北京 54、西安 80、WGS84）和投影方法（如高斯-克吕格投影、Lambert 投影、Mercator 投影）两个要素所决定。

在投影坐标系的选择上，天地图采用 CGCS2000 国家大地坐标系，其他地图服务提供商（如谷歌地图、Virtual Earth、Bing Maps、百度地图、Mapabc、ArcGIS Online）基本选择 WGS84 Web Mercator 或 Spherical Mercator 坐标系。WGS84 Web Mercator 是谷歌地图最先使用的，或者更确切地说，是谷歌最先发明的。在投影过程中，将表示地球的参考椭球体近似地作为正球体处理（正球体半径即为椭球体半长轴）。Web Mercator 在 Web 地图领域被广泛使用。

(1) WGS84 Web Mercator 的地理坐标系

从名字可以看出，WGS84 Web Mercator 坐标系采用的地理坐标系是 WGS84 坐标系，它属于地心坐标系，坐标系的原点位于地球质心，其基本参数如下：

```
GCS_WGS_1984                                      //地理坐标系名称
WKID:4326 Authority:EPSG                          //EPSG 编号
Angular Unit:Degree (0.0174532925199433)          //角度单位
Prime Meridian:Greenwich (0.0)                    //本初子午线
Datum:D_WGS_1984                                  //基准面
```

```
Spheroid:WGS_1984                          //椭球体
Semimajor Axis:6378137.0                   //长半轴
Semiminor Axis:6356752.314245179           //短半轴
Inverse Flattening:298.257223563           //扁率
```

(2) WGS84 Web Mercator 的投影方法

从名字上可以看出,WGS84 Web Mercator 坐标系的投影方法和 Mercator(墨卡托)投影有关,但又不是标准的墨卡托投影。区别在于,WGS84 Web Mercator 在投影时将地球椭球当作圆球看待,这会导致本来是等角投影的墨卡托投影变得不再是等角,而是近似等角,也就是出现角度变形。Web Mercator 是一个被 EPSG 称为伪墨卡托的投影方法,即 Popular Visualization Pseudo Mercator,PVPM。

为什么是圆形球体,而非椭球体?这说来简单,仅仅是由于实现的方便和计算的简单,理论上两者的精度差别在 0.33%之内,特别是比例尺很大,地物很详细的时候,差别基本可以忽略。

(3) WGS84 Web Mercator 的坐标范围

以赤道为标准纬线,以本初子午线为中央经线,分别得到 X 轴和 Y 轴。两者的交点设为原点,规定纬度向北为正,向南为负;经度向东为正,向西为负。

X 轴:由于赤道半径为 6378137 m,则赤道周长为 $2\pi R=2\times20037508.3427892$,因此 X 的取值范围是:[−20037508.3427892,20037508.3427892]。

Y 轴:由墨卡托投影的公式可知,当纬度 ϕ 接近两极,即 90°时,y 值趋向于无穷。因此规定 Y 的取值范围与 X 一致,也为[−20037508.3427892,20037508.3427892],也就是形成了一个正方形。经过反计算,可得到纬度为 85.051128779。

对应于经纬度的范围就是:

经度:[−180,180]

纬度:[−85.051128779,85.051128779]

(4) 坐标转换

Web 地图开发中,WGS84 和 WGS84 Web Mercator 两种坐标系至关重要。WGS84 是地理坐标系,是 GPS 采用的坐标系。WGS84 Web Mercator 是目前在线地图常采用的通用坐标系,属于投影坐标系。要想将 GPS 位置信息在地图上显示,必须先将 GPS 位置信息的坐标转换到 WGS84 Web Mercator 上。

3.1.2 Web 坐标系的表示

在 GIS 应用中,经常会遇到空间参考系的表示问题,如果不同系统中的同一个空间参考系统使用了不同的代码或者名称,就会给不同系统之间的互操作带来困难。为了统一空间参考系统的表示,OpenGIS 定义了 WKT (Well Known Text,熟知文本),EPSG 定义了一套标准。

(1) EPSG

EPSG 的英文全称是 European Petroleum Survey Group,中文名称为欧洲石油调查组织。这个组织成立于 1986 年,2005 年并入 IOGP(International Association of Oil & Gas

Producers，国际油气生产者协会）。EPSG 对几乎所有常用的坐标系统都进行了编号，统一了坐标系的表示。表 3.1 所列为地理坐标系的 EPSG 编号和单位。表 3.2 所列为部分投影坐标系的 EPSG 编码。

表 3.1 地理坐标系的 EPSG 编号和单位

地理坐标系名	EPSG 编号	单位
WGS 84	EPSG:4326	°
WGS84 Web Mercator	EPSG:3857，EPSG:900913	m

表 3.2 部分投影坐标系的 EPSG 编码

EPSG	投影坐标系名称	经度最小	经度最大	中央经线	备注
4513	CGCS2000/3-degree Gauss-Kruger zone 25	73.5	76.5	75	加代号
4514	CGCS2000/3-degree Gauss-Kruger zone 26	76.5	79.5	78	加代号
4515	CGCS2000/3-degree Gauss-Kruger zone 27	79.5	82.5	81	加代号
4516	CGCS2000/3-degree Gauss-Kruger zone 28	82.5	85.5	84	加代号

（2）WKT

一个表示空间参照系统的 WKT 字串描述了空间物体的测地基准、大地水准面、坐标系统及地图投影。对于一个地理坐标系，比如最常见的 WGS84 坐标系统，WKT 的描述是这样的：

```
GEOGCS
["GCS_WGS_1984",                              //地理坐标系名称
DATUM["D_WGS_1984",                           //空间参考大地基准面名称
SPHEROID["WGS_1984",                          //参考椭球体
6378137.0,                                    //椭球长半轴
298.257223563]],                              //扁率的倒数
PRIMEM["Greenwich",0.0],                      //中央经线名称，与格林威治子午线偏差
UNIT["Degree",0.0174532925199433],            //地理坐标系单位：每个单位多少弧度
AUTHORITY["EPSG",4326]  ]
```

地理坐标系(GCS)使用椭球体表面来定义地球上的位置。地理坐标系有三个部分：基准面即地球椭球体模型，本初子午线和角度单位。“GEOGCS”表明其后紧随的“[ ]”中描述的是一个地理坐标系统。该坐标系统名称为“GCS_WGS_1984”；采用的大地基准面为“D_WGS_1984”，该基准面近似椭球体（WGS_1984）的长轴为 6378137.0 m、扁率的倒数为 298.257223563；以格林威治 0°经线为起始经线；单位为°，该单位的转换因子为 0. 0174532925199433（π/180）；最后，该坐标系统在 EPSG 中的编码为“4326”。

对于一个投影坐标系，比如 WGS84 Web Mercator（Auxiliary Sphere）坐标系统，WKT 的描述是这样的：

```
PROJCS [
"WGS_1984_Web_Mercator_Auxiliary_Sphere",          //地图投影类型
GEOGCS [···],
PROJECTION["Mercator_Auxiliary_Sphere"],           //设置投影方式
PARAMETER["False_Easting",0.0],                    //坐标整体向东偏移 0
PARAMETER["False_Northing",0.0],                   //坐标向北偏移 0
PARAMETER["Central_Meridian",0.0],                 //中央经线 0
PARAMETER["Standard_Parallel_1",0.0],              //标准纬线 0
PARAMETER["Auxiliary_Sphere_Type",0.0],
UNIT["Meter",1.0],                                 //投影坐标系单位:米
AUTHORITY["EPSG",3857]  ]
```

类似地,"PROJCS"代表这是一个投影坐标系,投影坐标系中必然会包括一个地理坐标系,这里的地理坐标系就是"GCS_WGS_1984",这个地理坐标系的定义和上面的类似。下面紧跟着的是投影的相关参数,"Mercator_Auxiliary_Sphere"是采用投影的名称,这个投影坐标系以 0°经线为中央经线进行投影;坐标系的单位为 m(显然,转换因子就为 1.0),而该坐标系的 EPSG 编码为"3857"。

(3) Proj.4

Proj.4 是 OSGeo 出品的开源 GIS 最著名的地图投影库,GRASS GIS、MapServer、PostGIS、Thuban、OGDI、Mapnik、TopoCad、GDAL/OGR 等软件的投影都直接或间接地使用它。它将地理空间坐标从一个坐标系转换为另一个坐标系,这包括地图投影和大地坐标变换。Proj.4 最初是作为地图投影工具开发的,但随着时间的推移,它已经发展成为一个强大的通用坐标转换引擎,可以同时进行大规模地图投影和高精密度的坐标转换。

Proj.4 列出了三个应用,分别是:

① Proj 工具用来转换地理坐标到投影坐标及投影坐标到地理坐标,但是有一个前提条件是这两个坐标系统在同一个基准面上。

② cs2cs 工具可以实现两个坐标系统之间的互相转换,这两个坐标系统可以是投影坐标与地理坐标之间的转换,也可以是基准面之间的转换。

③ geod 提供对大圆(测地线)的常用测地计算。

(4) OGR 库

OGR 库是 GDAL 的一部分,定义并实现了空间参考类(OGR Spatial Reference),这个库不仅能自定义地图投影参数,还实现了 WKT 和 Proj.4 两个字符串接口,用起来很方便。

3.2 Web 空间数据源

网络空间数据源可以分为共享的"小"数据和泛在的大数据。"小"数据通常是由专业人员采集、满足一定范式或规范的空间数据,典型的如传统 GIS 管理的数据,其主要不足是数据量小、现势性或实时性弱。大数据通常由业余用户生产,如 VGI、OSM。大数据与"小"数据具有很大的差异,但它们不是互斥的而是相互联系的。一方面,GIS 数据可以在互联网上作为大数据的平台和支撑,如百度地图支持下的 POI 数据。另一方面,大数据可以为公路

网的更新提供基础，如百度汽车导航会感知到公路上有阻塞现象而实时降低公路网的行驶速度预期(即更新公路的属性数据)。

3.2.1 经典空间数据的共享

GIS 在发展过程中积累了大量的空间数据，包括利用采集的空间数据进行再次加工、分析、输出获得的数据。其中，大量历史数据往往是难以重新采集和恢复的，因而其共享在历史回放、时态分析和预测预报中具有重要价值。共享空间数据指能被不同 GIS 处理的空间数据。在传统的 GIS 工程中，数据成本占总体成本的 70%甚至更多，因此空间数据的共享能降低 GIS 研发的成本和 GIS 门槛。共享空间数据通常具有显式定义的结构或遵循一定的格式规范，在类型上常见的有地图数据、遥感影像数据、实测空间数据(如 GPS 轨迹)、统计数据等。

3.2.1.1 空间数据共享

空间数据共享强调空间数据集之间、用户与空间数据集之间的相互透明访问，注重从空间信息的语义层次、数据模型层次和数据结构层次消除空间信息描述方法与表示方法上的差异，对空间信息给出统一的描述和表示，达到空间信息本质上和形式上的共享。地理信息标准化是针对直接或间接与地球上位置相关的目标或现象信息，制定一套结构化的标准，对地理信息数据进行定义、描述和表现，作为地理信息科学技术转化为生产力的重要环节，为实现跨部门、跨区域的信息资源交换、整合、集成、共享和服务提供技术基础和保障。

空间信息共享要解决可达性、互操作性和易用性。可达性是指用户能存取到数据。互操作性是指不同的 GIS 之间能互相操作、对数据能进行相同的理解。数据共享方式包括数据格式转换、通过 API 直接读取、基于 DBMS 的集成和基于 Web 服务的集成。

3.2.1.2 共享数据的基本类型

(1) 地图数据

互联网中的地图数据有矢量和栅格两种类型。与传统的纸质地图数据不同，互联网地图数据往往具有较强的现势性、公众参与性。例如，OSM 地图数据由大众用户生产，现势性强。常见的网络地图数据源有：天地图(网址：www.tianditu.gov.cn)、地之图(网址：www.map.ps123.net)、地图窝(网址：www.onegreen.net)、公开地图(网址：www.openstreetmap.com)等。

(2) 遥感影像数据

遥感影像数据的网络共享，能丰富地形表面数据的时态、时空粒度、波段等信息。部分遥感影像数据如下：对地观测数据共享计划(网址：http://eds.ceode.ac.cn/sjglb/dataservice.htm)、中国资源卫星应用中心(网址：www.cresda.com/CN)、地理空间数据云(网址：www.giscloud.cn)、国家综合地球观测数据共享平台(网址：www.chinageoss.org)、OSGeo 中国中心(网址：www.osgeo.cn)、美国 USGS(美国地质调查局)[网址：http://glovis.usgs.gov/(http://earthexplorer.usgs.gov/)]、MODIS 数据(网址：http://ladsweb.nascom.nasa.gov)等。

(3) 实测空间数据

手机定位数据的连续记录，可形成个人的轨迹数据。此外，通过个人的多源空间数据采集,如城管视频定位、刷卡数据、扫码数据、社交软件登录位置等,可以还原出个人轨迹。个人轨迹数据涉及个人隐私,因而数据在使用时需要进行脱密处理。

(4) 统计数据

统计数据来源可以分为两类:一类是官方机构发布的,如国家统计局(网址:www.stats.gov.cn/tjsj)和中国统计数据(网址:www.china.com.cn/economic/zhuanti/07tjsj/node_7027698.htm)等;一类是基于用户使用互联网的行为统计,包括互联网搜索统计(如百度统计 http://tongji.baidu.com)、出行轨迹统计(如百度迁徙地图)等。

3.2.2 地理大数据与 VGI

地理大数据与 VGI 是同一个概念的两个方面,这个概念是与位置有关的大数据。地理大数据是 IT 术语大数据的一种扩展,强调数据的量和变化。VGI 是相对于传统 GIS 数据生产而提出的,强调用户生产数据的志愿精神。

(1) 地理大数据

大数据是指无法在一定时间范围内用常规软件工具进行捕捉、管理和处理的数据集合,是需要引入新的处理模式才能使之具有更强的决策力、洞察发现力和流程优化能力的海量、高增长率和多样化的信息资产。大数据指不用随机分析法(抽样调查),而采用所有数据进行分析处理。大数据的 5V 特点(IBM 提出):Volume(大量)、Velocity(高速)、Variety(多样)、Value(低价值密度)、Veracity(真实性)。

大数据的类型大致可分为三类:传统企业数据(包括消费者数据、库存数据及账目数据等)、机器和传感器数据(包括呼叫记录、智能仪表、工业设备传感器、设备日志、交易数据等)、社交数据(包括用户行为记录、反馈数据等,如微博这样的社交媒体平台)。大数据挖掘商业价值的方法主要分为四种:客户群体细分,然后为每个群体量定制特别的服务;模拟现实环境,发掘新的需求同时提高投资的回报率;加强部门联系,提高整条管理链条和产业链条的效率;降低服务成本,发现隐藏线索进行产品和服务的创新。

地理数据本身具有海量性,但这不能说地理数据是大数据,因为量大仅是大数据的一个特点。

(2) VGI

与传统地理信息采集和更新方式相比,来自非专业大众的 VGI 数据具有现势性高、传播快、信息丰富、成本低、质量各异、分布不均匀等特点,可用于应急制图、城市规划、交通分析、早期预警、地图更新、犯罪分析、疾病传播分析等诸多地理空间信息服务领域。

在维基百科的启发下,集 Web 2.0、集体智慧和新地理等元素,相对于传统测绘和遥感而言的第三种获取地理信息的方法应运而生,这种方法被称为“志愿者地理信息”(VGI)。它有效补充了已有的数据获取手段,填补了当前数据采集流程中的一些空白。VGI 的志愿行为对于现实世界中快速减少的地理信息的供应而言,是唯一可行的解决方案。GPS 和遥感能测量和提供丰富的、海量的地理空间数据,但仍然不能满足人们对空间数据的现势性、可用性、实时性等多方面的需求,一是 GPS 和遥感不能提供地名等空间数据;二是遥感数据自动转化为地图等空间数据还存在困难。VGI 的不断丰富,为大众的按需服务提供了基础。VGI 具有如下特点:

① 用户创建内容。VGI 数据是协作劳动和集体智慧的产物，它集中了普通大众的地理空间知识并为传播与共享创建了基础平台。一般来说，VGI 是用户创建内容（user-generated content，UGC）、Web 2.0 等思想在地理信息领域的自然延伸，为地理信息的供给、传播与共享提供了新的方式。例如，OSM 是以收集与管理 VGI 为基本模式的网络协作项目，是通过志愿者的努力建立的一个全球街道地图，并允许用户创建新的地理数据或更新已有数据。

② 人人是传感器。VGI 使地理信息不断地被创建并相互交叉引用，缩短了地理信息创建和传播的时间，地理信息的提供者和使用者不再有严格的区别，降低了普通大众获取、分享和处理地理信息的门槛，促进了地理信息在普通大众中的普及程度。VGI 数据的意义在于补充地理框架数据的不足，提供丰富的细节。VGI 的出现使得人人都是传感器、内容生产者和传播者，而不仅仅是被动的消费者。

③ 人人为我，我为人人。基于 VGI 的数据采集模式提供了一个公共版权的数据集，使得每个人都能够获得关于这个世界上什么地方有什么东西的知识，同时，每个人都能够利用这一个数据集来开发特定应用。

按照数据的性质，VGI 可以分为两类：图形数据和语义数据。图形数据包括 GNSS 轨迹、用户勾勒的点线面矢量地物、兴趣点信息；语义数据包括地物属性信息和相关文本、图像和音视频等。

（3）OSM

OSM 是一个开源项目，目标是创建并提供免费的地图数据。启动这个项目的原因是：大部分地图看起来是免费的，但实际使用中却会遇到法律或技术上的限制，限制人们创造性的、创新的和高效率的使用。OSM 是一个号称“Free Wiki World Map”的网站，它允许用户添加和编辑地图数据。

OSM 的第一次大规模应用是 2010 年海地地震之后。2010 年 1 月 12 日，海地发生里氏 7.0 级地震，志愿者根据最新的卫星照片，利用随身携带的移动设备采集道路、兴趣点数据，在 OSM 上即时标注救护站、帐篷和倒塌的大桥，在短短 48 h 内构建了“Haiti OpenStreetMap”，为国际救援组织科学制定救援方案提供了良好支撑。图 3.1 所示为海地地震 3 天后、7 天后，志愿者们利用 OSM 绘制的地震救援地图。

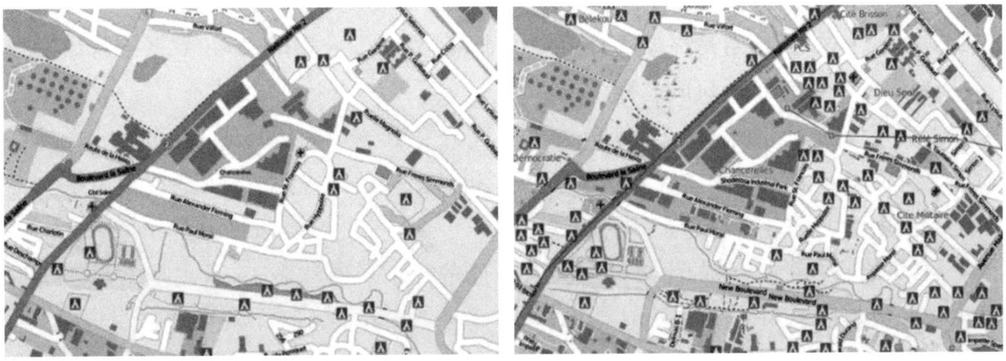

（a）　　　　　　　　（b）

图 3.1　志愿者地理信息应用

（a）海地地震后 3 天；（b）海地地震后 7 天

OSM 为普通人提供了操作和使用地理数据的权利，同时为维护动态更新的开放地理数据库提供了可行的方案。在这个网站，用户可以将自己车载 GPS 测得的数据上传，对其道路或者是相关属性进行编辑；或者对原始地图数据进行下载，然后进行离线编辑再上传，对地图进行更新，这都是大众参与地图制图和地图更新的典型应用。

(4) 信息生态

信息生态将自然生态概念引入信息领域。它以生态学的观点和理论，研究信息构建、信息组织与信息系统论等信息科学中的问题，并解释此过程中的信息行为的科学。任何事物都有两面性，信息技术在推动社会发展的同时，也带来了一些负面影响，这集中表现在如下新型生态问题上：

① 信息超载，指个体接受信息的程度已经到了无法承受的地步。

② 信息污染，指信息垃圾、电脑病毒等充斥信息环境。

③ 信息犯罪，包括信息诈骗、信息破坏等内容。

④ 信息综合征，信息技术还可能对人们的身心健康带来各种不良影响，如视力下降、颈椎疼痛、信息焦虑症或信息恐惧症。

3.3 Web 空间数据获取

互联网提供了大量的可共享的空间位置数据，包括 Web 页面的文本、图片、视频等，以及地理空间数据，它们分别采用网络爬取和地图 API 调用的方式。

3.3.1 网络爬取

随着网络的迅速发展，万维网成为大量信息的载体，如何有效地提取并利用这些信息成为地理信息科学领域获取空间数据的巨大挑战。Web 搜索是从 Web 中精准发现并提取时空数据的基本手段，主要由采集和检索两大模块组成。其中，采集是在给定 URL、用户需求的条件下，通过以相关度计算、URL 优先级计算等为主的最佳优先策略，不断地从 Web 中采集数据的一个过程；检索是根据用户指定的查询词，从已采集的 Web 数据中找出所需数据，并按一定形式反馈给用户的过程。

搜索引擎(Search Engine)，如传统的通用搜索引擎 www.baidu.com，作为一个辅助人们检索信息的工具成为用户访问万维网的入口和指南。但是，这些通用性搜索引擎也存在着一定的局限性，例如：

① 不同领域、不同背景的用户往往具有不同的检索目的和需求，通过搜索引擎所返回的结果包含大量用户不关心的网页。

② 通用搜索引擎的目标是实现尽可能大的网络覆盖率，而有限的搜索引擎服务器资源与无限的网络数据资源之间的矛盾将进一步加深。

③ 万维网数据形式的丰富和网络技术的不断发展，图片、数据库、音频、视频多媒体等

不同数据大量出现,通用搜索引擎往往对这些信息含量密集且具有一定结构的数据无能为力,不能很好地发现和获取这些信息。

④ 通用搜索引擎大多提供基于关键字的检索,难以支持根据语义信息提出的查询。

为了解决上述问题,定向抓取相关网页资源的聚焦爬虫应运而生。聚焦爬虫是一个自动下载网页的程序,它根据既定的抓取目标,有选择地访问万维网上的网页与相关的链接,获取所需要的信息。聚焦爬虫并不追求大的网络覆盖率,而将目标定为抓取与某一特定主题内容相关的网页,为面向主题的用户查询准备数据资源。当前,开源的网络爬取软件很多,如Crawlzilla、Ex-Crawler、ItSucks等。

网络爬取的数据蕴含着丰富的地名、地址信息,但因其描述的随机性、多样性,导致这些信息很难被快速、准确地自动识别出来。

3.3.2 地图API调用

应用程序接口(Application Programming Interface,API),又称为应用编程接口,就是软件系统不同组成部分衔接的约定。应用程序接口为"电脑操作系统(Operating System)"或"程序库"提供给应用程序调用使用的代码。其主要目的是让应用程序开发人员得以调用一组例程功能,而无须考虑其底层的源代码为何或理解其内部工作机制的细节。API本身是抽象的,它仅定义了一个接口,而不涉及应用程序如何实现的细节。应用程序接口通常是软件开发工具包(SDK)的一部分。

地图API是一种通过JavaScript(或其他语言)将地图嵌入网页的API,它提供了大量实用工具用以处理地图,并通过各种服务向地图添加内容,从而使用户能够在网站上创建功能全面的地图应用程序。例如,OSM API允许原始地理数据被检索和/或被存储到OSM的数据库。地图API不仅仅可以获得地图数据,还可以获得地图上的属性数据,如地图标注点或POI。通过地图API可以快速简便地获取地理数据,包括矢量数据(如OSM)、栅格数据、遥感影像数据等。

地图API通常支持HTTP/HTTPS协议和网络服务标准(如OWS),并通过提供的URL被用户调用。一般所提供的数据内容比较全面,而且大多是可变分辨率,使用较为方便。以天地图为例,地图API提供的数据类型有矢量地图、卫星影像地图、矢量渲染、三维地形等,要素类型有交通、水系等,分辨率很高(如可具体到街道、房屋)。

图3.2(a)和图3.2(b)所示分别是在QGIS中通过API调用的天地图矢量底图和影像底图。

地图API在线数据具有如下特点:

① 不需要下载;

② 不会占用电脑储存空间;

③ 需要在网络环境下进行;

④ 所调用的网络数据一般都是只读格式,只能显示,不能对其进行修改等操作。

(a)

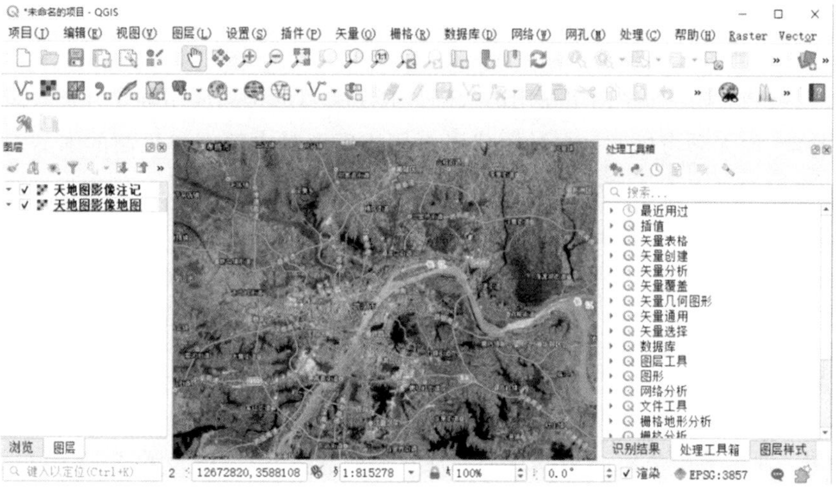

(b)

图 3.2　地图 API 的调用

(a)天地图矢量底图;(b) 天地图影像底图

3.4　Web 空间数据预处理

泛在位置信息是一种具有大数据特点且包含互联网、物联网和传感网的数据。由于泛在位置数据来源广、结构化数据比重小而半结构或非结构化数据比重大、尺度差异大等属性特征,使得泛在位置信息的“大”与单个信息价值的“小”之间形成极大反差,因而如何实现泛在位置信息的提取、增值与共享服务已成为当前地理信息科学领域研究的重要课题。

泛在位置信息含有大量非结构化甚至无结构的数据,典型的有 VGI,它们是泛在位置信息进行分类、叠加、重组、增值与服务的基础和重要内容。当前,对弱结构化文本信息的研究,主要是增强互联网、智能手机、社交媒体的语义位置信息的结构性。其中,首要的是研究泛在位置信息的位置感知,并提取相应的位置坐标、位置属性、位置尺度、位置关系、位置移动等特征;然后是异构位置信息基于不同地理空间基准的相互转换方法,为泛在位置信息的人、物、事基于位置的时空叠加及主题聚焦提供基础。

3.4.1　VGI 预处理

大数据战略的意义不在于掌握庞大的数据信息,更重要的是对数据进行专业化处理,将来自各专业的各类型数据进行提取、分割、建立模型并进行分析,深度挖掘数据背后的潜在问题和贡献价值。数据采集方面毫无疑问做得很好,但数据也仅仅停留在形成报表的层面,无法直接利用与分析,识别出问题并进行整改,这直接反映的是数据分析和数据应用人员的缺失,尤其是与专业相结合,需要既了解专业又懂得建模和算法的数据分析人才,这也是大数据面临的重要挑战,同时也反映了 IT 与制造的融合与同步不足。

3.4.1.1　VGI 数据质量特点

与专业地理信息相比,VGI 数据无论是数据来源、采集方式,还是数据质量、权威性等方面,均与现有专业地理信息有所不同,还不能直接应用于地图制作与更新中。VGI 数据源在质量上存在如下的特点:

(1) 数据质量未知,数据可能存在偏差、重复、错误。由于空间的复杂性、模糊性,人类认识和表达能力的局限,以及人们在数据处理过程中的人为因素,空间数据总是与真实值之间存在一定的差异,这种差异不能完全消除,这就是数据质量问题。用户经过手机或者车载 GPS、在遥感影像上勾勒得到的数据具有人为主观性;在属性数据的规范性、字长和数据类型等方面的认知局限性,也给地物的属性信息的采集带来了困难;VGI 数据可能存在恶意内容,数据冗余量大,容易泄露用户的隐私内容等。

(2) 几何数据细节繁杂。几何对象复杂,代表大范围自然地物的几何对象随着不断地编辑会变得更加详细且复杂。一般情况下,VGI 数据的来源包括志愿者上传的 GPS 轨迹(等同于实测数据)、依据高分辨率遥感影像采集的数据、商业公司和政府部门捐赠的数据等,因此,VGI 数据具有无尺度的特点,数据细节丰富、翔实。

(3) 属性信息不一致。造成属性信息不一致的原因多种多样,总体上可概括为:各行业和部门在建库过程中采用不同的数据模型设计,在语义表达上不一致,主要表现要素的分类分级不同,采用不同的属性字段描述相同的地理实体,相同含义、相同类型的属性字段取值不同;参与 VGI 创建的全世界不同国家和地区的公众在文化背景、风俗人情等方面的差异性会反映到属性定义与描述上,导致属性数据冗余,属性分类分级各异,语义统一分类编码困难,也阻碍了 VGI 数据与现有数据的属性信息匹配与转换。以道路的分类为例,国家基础地理信息数据与 VGI 数据的道路分类如表 3.3 所示。

表 3.3　不同数据道路分类分级比较

OSM 道路分级	国标道路分级
主要道路	国道
小路	省道
连接道路	县道
微小道路	乡道
未知类型道路	主要街道
—	次要街道

(4) 数据条目分布不均匀，数据创建是自发的、无规范的，因而数据条目分布不均匀且疏密不一致。

(5) 更新连续发生，空间对象随时会被编辑，数据更新操作频繁，这也使得 VGI 数据能够在多数人的检验下尽可能地保持现势性。

3.4.1.2　VGI 数据质量评价

VGI 数据质量的评价策略可分为以下三个方面：

(1) 基于矢量数据的评价方法。主要以已知高质量的矢量参考数据作为对比对象，将 VGI 数据与之进行叠加，并依据事先约定的质量因子逐一进行对比、计算。这些质量因子包括几何定位精度、属性精度、几何完整性、属性完整性、主题一致性、拓扑关系一致性等。

(2) 基于影像的评价方法。以经过几何纠正的影像数据作为参考，将 VGI 数据与之进行叠加和几何纠正，分析计算 VGI 数据的几何定位精度。但是由于影像数据只有几何信息没有属性信息，因此无法进行属性信息的评价。

(3) 基于数据可信度的评价方法。在没有参考数据的情况下，将 VGI 数据质量转换为数据可信度，通过可信度来反映 VGI 数据质量。如基于点数统计的志愿者信誉度计算公式如下：

$$R_i = \frac{\sum P_s}{\sum P_a}$$

式中　R_i——用户 i 的信誉度；

$\sum P_s$——用户上传的所有点；

$\sum P_a$——用户所有上传点中被保留的点。

3.4.1.3　VGI 数据预处理

进行数据预处理主要是为了将 VGI 数据与现有矢量数据、参考资料等进行集成，包括数据格式的转换、数学基础转换等。以 OSM 数据为例，其格式主要有 Shapefile 矢量格式和.osm 自定义的数据格式，首先需要将 OSM 数据转换成国家标准数据格式以方便数据集成。其次是数学基础转换，OSM 数据采用了 WGS84 大地坐标系，没有进行投影，而国际标准数据格式采用的是中国大地坐标系，因此，必须进行两种大地坐标系统之间的转换。VGI

数据融合包括以下两个方面：

(1) 几何数据融合。将VGI与已有矢量数据进行集成与融合处理是进行数据生产与更新的核心环节，最主要的是几何数据的融合。以OSM数据的道路网数据处理为例，首先识别、简化道路网数据中的微观结构，包括天桥数据、复杂交叉口等微观结构，这些道路微观结构大大增加了与现有矢量数据集成与融合的难度；其次，需要对道路网进行选取处理，由于不同尺度地图数据的承载量不同，因此要根据需要对道路网数据进行选取处理，选取重要性程度较高的道路；最后，将经过简化、选取处理的OSM道路网数据与现有道路数据进行同名实体匹配处理，以便于制图人员发现变化，进而对道路网进行更新操作。

(2) 属性数据统一。VGI数据开放性的获取方式，导致属性信息存在各种不一致，需要与已有数据的分类分级与编码进行转换统一。以OSM数据为例，首先进行数据本身的分类分级统一，由于用户可以自定义OSM数据属性数据标签，因此，相同等级的道路可能会存在用多种不同的标签进行描述的情况，在进行属性转换之前，需要对这些标签进行语义匹配与统一。其次，将统一语义后的OSM数据分类分级与已有数据的分类分级进行统一，在分类分级标准不同的情况下，采用基于控制文件的属性特征映射与转换策略；而在分类分级标准相同的情况下，则采用基于同名实体匹配的属性特征合并与更新策略。

将上述经过融合处理的OSM数据提交给制图人员，进行后续的数据编辑、加工、筛选等数据生产工作。

3.4.2 VGI地名提取

从VGI中提取文本地理空间信息，不仅能够丰富GIS的信息来源，而且能够提升GIS的表达能力和可理解性。如何从自然语言中自动抽取空间信息，消除GIS中结构化信息与自然语言中非结构化信息之间的语义鸿沟，成为GIS智能化的两大难题。从泛在位置信息中抽取空间信息是建立Web数据(包括用户需求和查询词)与空间位置(轮廓)对应关系的过程，包括地理命名实体识别、地理实体消歧和地理实体位置映射三个步骤。

(1) 地理命名实体识别

命名实体识别(Named Entity Recognition，简称NER)的主要内容是识别出文本中的人名、地名、机构名、时间等专有名词并将其进行归类，地理命名实体的识别属于其中一部分。地理命名实体是指山川、河流、行政区划、机构、道路、桥梁等地理要素定义的地理实体的自然语言描述。它们是自然语言中地理空间信息的重要组成部分，都具有表达空间位置的含义。地理命名实体识别在路径查询、地图-文本转换、路径重建、GIS构建和虚拟场景等方面具有重要作用，其方法基本上可以概括为以下三种：

① 基于词典的方法。基于词典的地理命名识别方法是指以构建地理命名实体词典为基础，采用匹配算法搜索文本，将文本中存在的地理命名实体抽取出来。

② 基于规则的方法。基于规则的方法，需首先建立命名实体的构词规则及句法规则，然后采用匹配算法实现地理命名实体的自动识别。

③ 基于统计的方法。广泛应用于自然语言处理的统计方法，同样适用于命名实体识别。基于统计的方法需要建立较大规模的语料库，而且语料库中的文本要求具有一定的代

表性。

(2) 地理实体消歧

同一地名映射不同地理空间位置的现象普遍存在，文本中有 83%以上的地名存在这种歧义问题。地理实体消歧是结合上下文语境（如歧义地名前后出现的地名）和辅助数据（如地图、地理知识库等）消除地理实体序列中同名异义的现象。地名消歧的方法很多，这里仅以地名树来介绍消歧方法。省/市/县序列是一种常见的分元关系，这里利用文本中提取的地名及其分元关系，构建歧义地名对应的三级行政地名隶属树，判断歧义地名与上下文的关联强度从而进行消歧。

两个基本假设：文本中的任一地名都有一个唯一的空间位置相关联；依据地理学第一定律，与确定的地名联系越强则越可能成为歧义地名的候选位置。例如，已知确定性地名 A、B、C 和一个歧义地名 $D=\{d_1,d_2,d_3\}$，分析发现 d_1 与 A-B-C 的联系强度大些，如地名互现的总频次多，如 d_1（广州白云区）与 A-B-C（广东的其他地区）共现的次数大于 d_2（贵州白云区）与 A-B-C（广东的其他地区）共现的次数，则 d_1 最可能为歧义地名的潜在位置（图 3.3）。

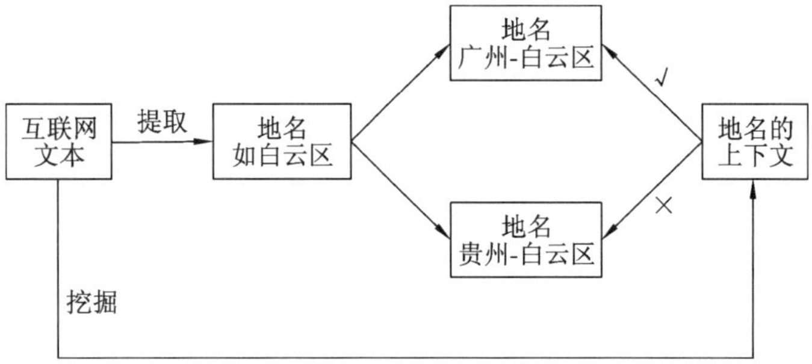

图 3.3　场景示例

具体的原理如下：

① 通过百度 AI 分词命名实体识别技术获取文本中的地名；

② 利用 GeoNames 的 API 在三级行政地名（省、市、县）数据中查询地名是否存在歧义，从而提取出歧义地名和非歧义地名；

③ 根据歧义地名和非歧义地名查询 GeoNames 中构建的语义网 rdf 文件，构建行政地名树；

④ 判断歧义地名对应所在分支的健壮性，从而确定歧义地名指代的真正含义。

模型的基本流程如图 3.4 所示。

构建地名树的依据就是地名的行政隶属关系。因此地名树构建的第一步是查询地名的行政隶属，即查询对应地名的父类地名直至省级行政地名。查询父类地名也是使用 GeoNames 进行查询，查询依靠的是 GeoNames 提供的查询地名对应语义网中关系的服务。通过查询得到的所有地名行政隶属关系可以根据省市县的三级关系，构建树状地名结构。

示例的文本数据“白云区，隶属于广东省广州市，位于广州市中北部，东邻天河区、黄埔区，西接佛山市南海区，北接花都区、从化区，南连荔湾区、越秀区、天河区”，通过上述方法构建地名树（图 3.5）。

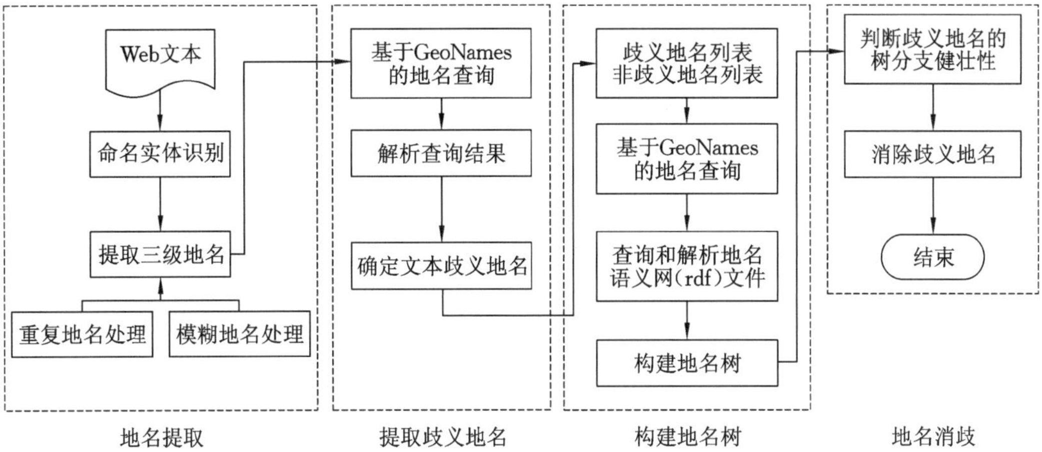

图 3.4　模型基本流程

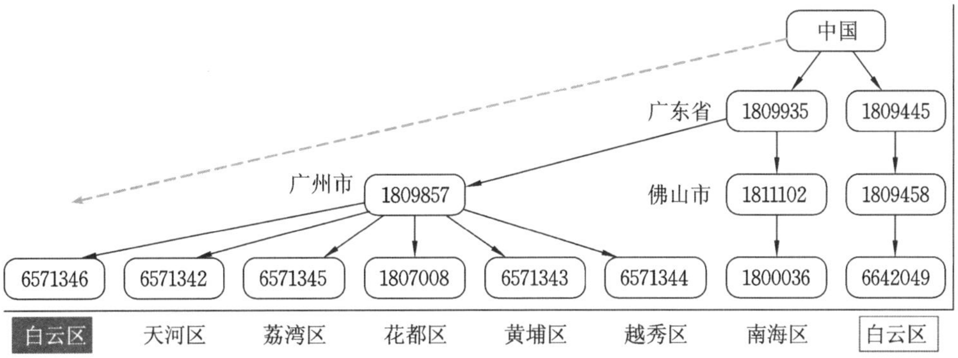

图 3.5　消歧过程可视化

可以看到带框的地名"白云区"存在歧义，其他地名是文中出现的。由图 3.5 可知，广州市白云区对应的以广东省为首节点的分支健壮性大于以贵州省为首节点的分支，因此白云区这一文中的歧义地名指的是位于广州市的白云区，至此消歧结果完成。

(3) 地理实体位置映射

地名在地图上的位置映射方法包括地址译码、地名范围提取等。地名的范围可以分为边界范围(如行政区)和影响范围。地名模糊范围的确定方法可以利用百度地图 API 通过 POI(Point of Interest)数据和聚类算法来完成，其原理如下：

① 利用地名搜索出所有包含该地名的 POI；

② 模糊地名对应的范围理论上应该是绝大多数 POI 聚集的热点区域，距离该区域太远的 POI 对确定模糊地名语义范围的贡献相对较小；

③ 区域在空间上具有连续性，因此由绝大多数 POI 聚集的热点区域内部若有空洞，则需要进行填补；

④ 填补过后的连续区域包含了绝大多数的 POI，在一定程度上可以代表该模糊地名语义范围。

例如，以武汉“大东门”为目标地名，调用百度地图 API 中的 Local Search 功能搜索出地名中包含目标地名“大东门”的全部 POI，共 50 个位置点[图 3.6(a)]。以 POI 最集中的地点为中心，以 800 m 为搜索半径进行筛选后，有 6 个 POI 被删除，保留的 POI 个数为 44。根据剩余的 POI 点通过一定的算法能生成模糊地名的边界[图 3.6(b)]。

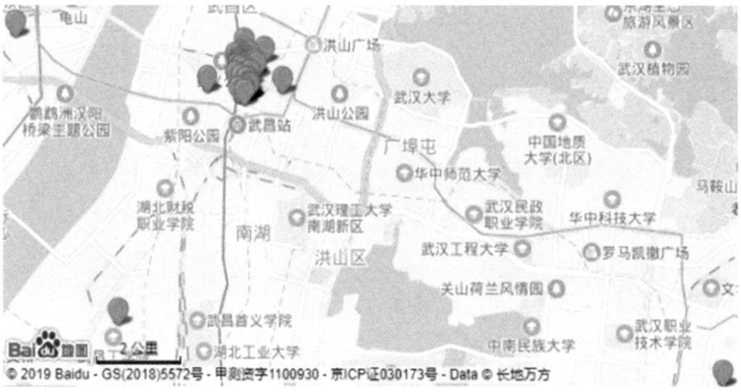

(a)

(b)

图 3.6 “大东门”POI 分布图

(a) POI 点集；(b) POI 点集的边界

总体上，泛在文本信息中感知、提取和消歧地名的技术还处于不断发展中，还不能完全准确地将地名映射到地图上。

思 考 题

讨论 1：在日常生活中自觉或不自觉生产了哪些空间信息？它们属于大数据吗？
讨论 2：海量数据是大数据吗？
讨论 3：VGI 是尚待确认的，它具有可用性吗？
作业 1：地理大数据与 GIS“小”数据之间的差异？
思政 1：VGI 符合互联网的什么思维？
思政 2：网络空间数据采集中，哪些数据不能采集？

4 Web GIS 数据组织

本章主要联系的课程："数据结构"。

空间数据结构是指空间数据的编排方式和组织关系。空间数据编码是指空间数据结构的具体实现，是将图形数据、影像数据、统计数据等资料按一定的数据结构转换为适合计算机存储和处理的形式。不同数据源采用不同的数据结构处理，内容相差极大，计算机处理数据的效率很大程度上取决于数据结构。Web 数据通常是半结构化的，适合采用具有平台独立性的文本语言描述。本章主要介绍半结构化数据及其基于 XML 的(如 GML 和 KML)和非 XML 的(如 GeoJSON、GeoCSV 与 WKT/WKB)文本标记描述语言。

4.1 半结构化数据

通用数据库系统要求所有的数据遵循一个显式定义的、固定不变的、完美的数据库模式，即都是根据已有实际数据先建立合适的数据库模式，再将原始数据以数据库模式的结构形式录入数据库中。虽然通用数据库技术具有很多优势，诸如高效的存储和查询，具有并发控制和错误恢复功能等，但它们在管理 Web 上的那些半结构化数据时却有两个明显的缺陷：

① 由于数据结构很不规则(如属性缺失的对象，同一属性多次出现的对象，同一属性在不同对象中具有不同的数据类型，语义相关的信息在多种对象中表达方法不同)，在关系数据库系统中就会出现大量的空值，而面向对象数据库系统同样也难设计一个包容不规则数据的数据库模式；

② 由于数据的结构经常变化，还不断有新型数据加进来，所以即使勉强定义了数据库模式，模式也需要经常修改。

(1) Web 数据的结构类型

数据的结构化程度可以分成三种(图 4.1)：

① 完全结构化，如存储在通用数据库中的关系型、面向对象型等数据，它们是严格按照数据库模式的结构录入的。

② 完全无结构化，如声音文件或图像文件中的数据(是二进制位流)。

③ 半结构化，介于完全结构化与完全无结构化之间。

上述三种数据的差异：

① 抽象层次：无结构化数据是面向人的自然语言文本数据，便于人们阅读；而结构化数据是面向计算机处理的数据结构；半结构化数据介于两者之间，具有一定自然语言与数据结构的特点，既面向计算机处理，又能便于人们阅读。

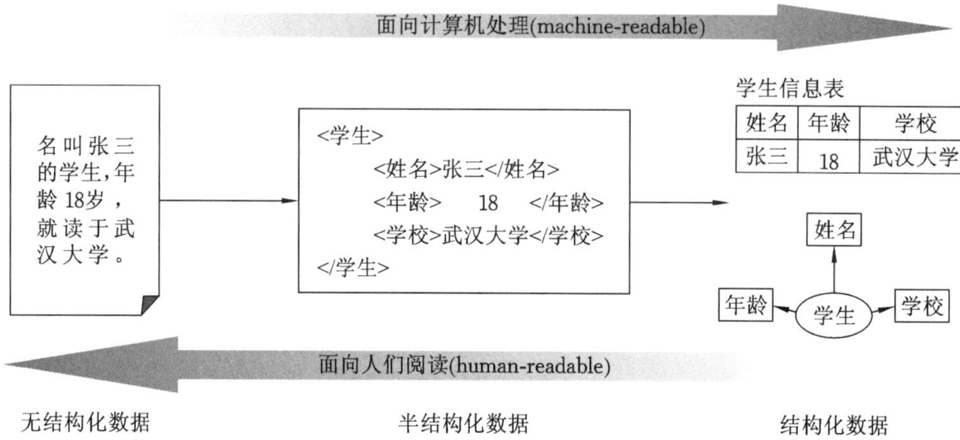

图 4.1 数据的结构性分类

② 结构层次：无结构化数据是语言结构，遵循语法、语义、语用、结构等规则，具有一定的灵活性；而结构化数据是严格的数据结构，如图、树、表等计算机数据逻辑结构，具有严格的模式；半结构化数据则介于两者之间，既具有无结构化数据的语义与语用，也具有结构化数据的部分模式，如嵌套、对象等。无结构化数据具有语法结构，不是没有结构，因此数据分类中的结构是指数据结构。

(2) 半结构化数据

半结构化数据是一种自描述数据，不必遵循固定模式。数据库领域将数据描述与数据本身进行了严格的分离。模式是数据组织方式的详细描述，包括文件名称和数据项，对数据起到约束的作用。在半结构化数据集中，这种模式并不存在或不为人所知。

半结构化数据模型既能描述半结构化数据，同时也能描述结构化数据。抽取无结构化数据信息，并采用半结构化方法描述，便于计算机处理；将结构化数据转化为半结构化数据，便于人们阅读，数据能以半结构化为中心实现交换与共享(图 4.2)。

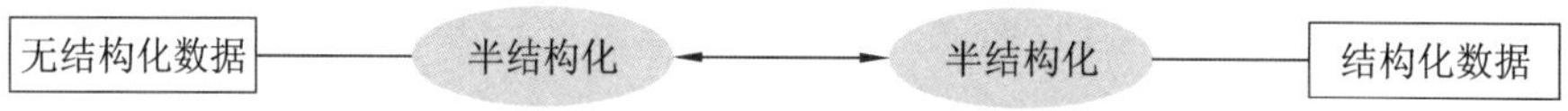

图 4.2 基于半结构化的数据交换

半结构化数据通常用于表达如下情况的数据：①采用不同类型的成分，这些不同数据源不受同一模式约束，而且要求数据整合；②在异构数据库中交换和转换数据；③在浏览数据集时，并不完全知道它们的模式。

4.2 XML

可扩展标记语言(XML)是标准通用标记语言的子集，是一种用于标记电子文件使其具有结构性的标记语言。在计算机中，标记指计算机所能理解的信息符号，以支持计算机之间处理各种信息。这样，XML 采用定义了语义的标记描述数据，从而便于人和计算机的阅读。它可以用来标记数据、定义数据类型，是一种允许用户对自己的标记语言进行定义的元语言。它非常适合万维网传输，能够提供统一的方法来描述和交换独立于应用程序或供应商的结构化数据。XML 是 Internet 环境中跨平台的、依赖于内容的技术，也是当今处理分布式结构信息的有效工具。

4.2.1　XML 基础

4.2.1.1　简介

XML 与 Access、Oracle 和 SQL Server 等数据库不同，这些数据库提供了更强有力的数据存储和分析能力(数据索引、排序、查找、相关一致性等)，XML 仅仅是存储数据。事实上它与其他数据表现形式最大的不同是 XML 极其简单，XML 易于在任何应用程序中读/写数据，这使 XML 很快成为数据交换的唯一公共语言，虽然不同的应用软件也支持其他的数据交换格式。

XML 使用简单的具有自我描述性的语法，例如：

```
<? xml version="1.0" encoding="ISO- 8859- 1"? >
<f:table xmlns:f="http://www.w3school.com.cn/furniture">
      <f:name> African Coffee Table</f:name>
      <f:width> 80</f:width>
      <f:length> 120</f:length>
</f:table>
```

上述实例中，第一行是 XML 声明，它定义 XML 的版本(1.0)和所使用的编码(ISO-8859-1)；下一行描述文档的根元素；接下来 3 行描述根的 3 个子元素；最后一行定义根元素的结尾。

XML 命名空间提供避免元素命名冲突的方法。在 XML 中，元素名称是由开发者定义的，当两个不同的文档使用相同的元素名时，就会发生命名冲突。XML 解析器无法确定如何处理这类冲突。为＜table＞标签添加一个 xmlns 属性，这样就为前缀赋予了一个与某个命名空间相关联的限定名称。

4.2.1.2　发展历史

XML 有两个先驱：SGML 和 HTML，这两个语言都是非常成功的标记语言，但是都有一些与生俱来的缺陷。XML 正是为了解决它们的不足而诞生的。

早在 Web 发明之前，SGML(Standard Generalized Markup Language，标准通用标记语言)就已存在，正如它的名称所言，SGML 是国际上定义电子文件结构和内容描述的标准。SGML 具有非常复杂的文档结构，主要用于大量高度结构化数据的访问和其他各种工业领域，在分类和索引数据中非常有用。虽然 SGML 的功能很强大，但是它不适用于 Web 数据描述，而且 SGML 软件的价格非常昂贵；另外，SGML 十分庞大，既不容易学，又不容易使用，在计算机上实现也十分困难。

1989 年，HTML 诞生，它抛弃了 SGML 复杂庞大的缺点，继承了 SGML 的很多优点。HTML 最大的特点是简单性和跨平台性。HTML 是一种界面技术，它只使用了 SGML 中很少的一部分标记，例如 HTML 4.0 中只定义了 70 余种标记。为了便于在计算机上实现，HTML 规定的标记是固定的，即 HTML 语法是不可扩展的。HTML 这种固定的语法使它易学易用，在计算机上开发 HTML 的浏览器也十分容易。由于 HTML 的简单性，因此基于 HTML 的 Web 应用得到了极大的发展。

随着 Web 应用的不断发展，HTML 的局限性也逐渐显现出来，如 HTML 无法描述数据、可读性差、搜索时间长等。人们又把目光转向 SGML，再次改造 SGML 使之适应现在的网络需求。1998 年 2 月 10 日，W3C(World Wide Web Consortium，万维网联盟)公布 XML 1.0 标准，XML 就此诞生。XML 最初的设计目的是为了 EDI(Electronic Data Interchange，电子数据交换)，确切地说是为 EDI 提供一个标准数据格式。当前一些网站内容建设者已经开始开发各种各样的 XML 扩展，比如数学标记语言 MathML、化学标记语言 CML 等。

4.2.1.3　主要特征

① XML 可以从 HTML 中分离数据。这种分离可以使开发者集中精力使用 HTML 做好数据的显示和布局，并确保数据改动时不会导致 HTML 文件也需要改动，从而方便维护页面。XML 的最大优点是实现了数据和其样式的分离。

② XML 可用于交换数据。

③ 利用 XML 可以共享数据。XML 数据以纯文本格式存储，使不同系统、不同程序之间的数据共享变得更加简单。

④ XML 可以用于创建新的语言。很多新的 Internet 语言都是通过 XML 创建的，如 WSDL、RSS、RDF 和 OWL(用于描述资源和本体)。

4.2.2　XML 解析器

解析就是将 XML 文档里面的数据读取到内存中。所有现代浏览器都内建了供读取和操作 XML 的解析器，解析器把 XML 转换为 XML DOM 对象，即可通过 JavaScript 操作的对象。XML 文档也是数据的一种，对数据的操作也不外乎是“增、删、改、查”，也被称为“CRUD”，即 C：Create；R：Retrieve；U：Update；D：Delete。

(1) 解析器分类

DOM(Document Object Model)和 SAX(Simple API for XML)都是解析 XML 文档的规范，而解析器就是对 DOM 与 SAX 的实现。一般解析器都会实现 DOM 与 SAX 两个规范(图 4.3)：SAX 以序列的形式处理文档，不需要在内存中建立整个文档的树结构；通过 DOM，用户能够把文档看成是一个有结构的信息树。

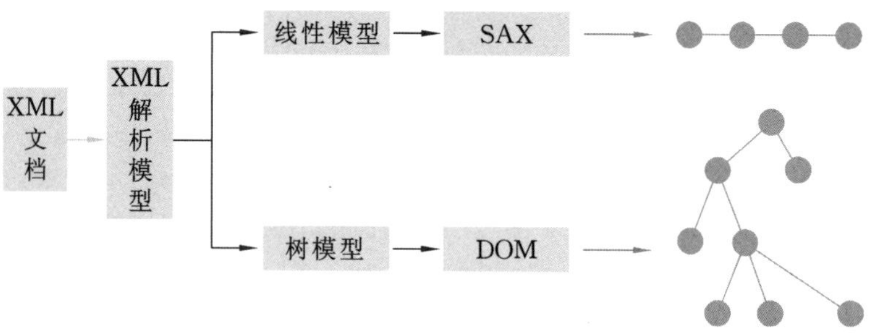

图 4.3　XML 文档的 DOM 结构树

DOM 是 W3C 组织提供的解析 XML 文档的标准接口，而 SAX 是社区讨论的产物，是一种事实上的标准。在服务器端一般会使用 DOM 的思想，在移动端一般使用 SAX 的思想。

(2) DOM 解析原理

使用 DOM 要求解析器把整个 XML 文档一次性加载进内存，在内存中形成一颗 DOM

树(图 4.4)。一个 XML 文档解析后对应一个 document 对象,它包含文档元素,即根元素,根元素包含 N 个子元素。这意味着,使用 DOM 解析 XML 文档方便使用,因为元素与元素之间还保存着结构关系。

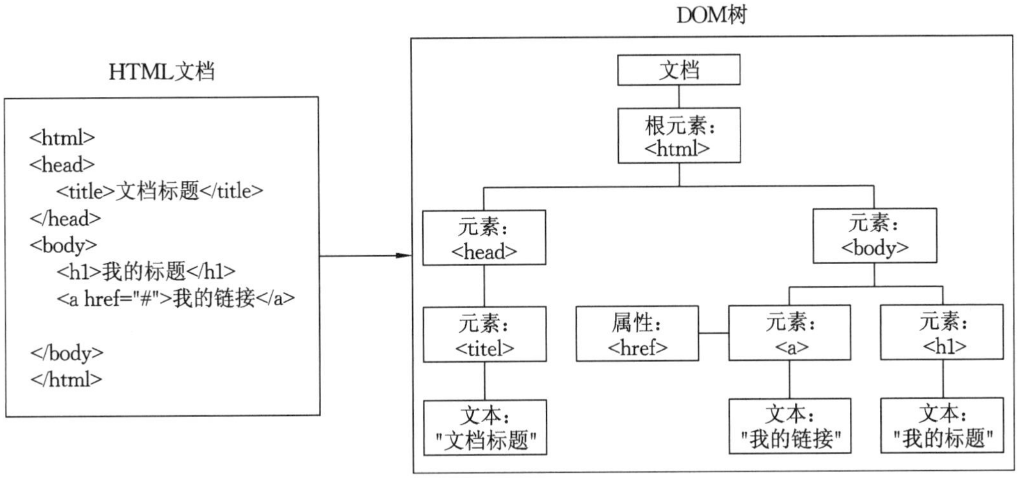

图 4.4　DOM 的解析方式

优先:使用 DOM、XML 文档的结构在内存中依然清晰;操作方便,可以对文档进行 CRUD 的所有操作。

缺点:如果 XML 文档过大,那么可能会出现内存溢出的现象。

(3) SAX 解析原理

SAX 逐行扫描文档,一边扫描一边解析;它读完一行读下一行,上一行在内存中释放。DOM 是把 XML 全部加载到内存中,建立一棵树之后再进行处理。SAX 既是一个接口,也是一个软件包。作为接口,SAX 是事件驱动型 XML 解析的一个标准接口。其工作原理,简单地说就是对文档进行顺序扫描,当扫描到文档(document)开始与结束、元素(element)开始与结束等地方时通知事件处理函数,由事件处理函数作相应处理(图 4.5);继续同样的扫描,直至文档结束。

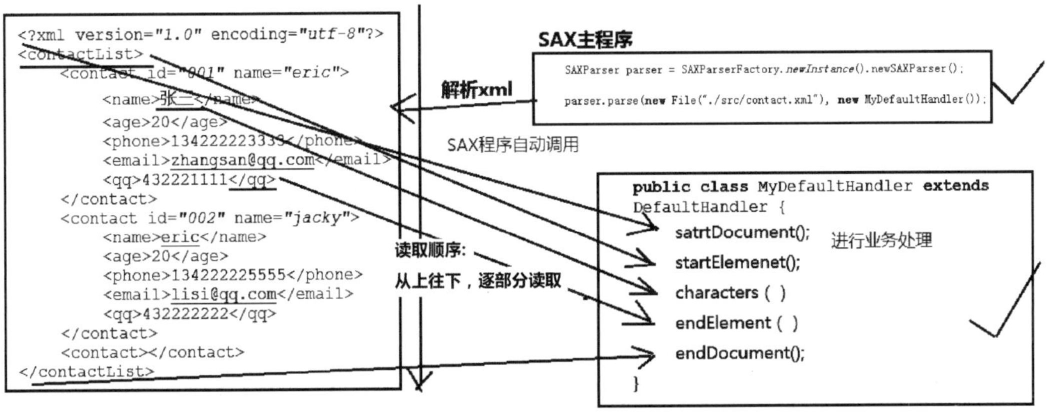

图 4.5　SAX 的解析方式

解析过程中的每一步都会有事件发生,都会触发相应接口中的事件处理程序。SAX 通常会产生这些类型的事件:在文档的开始和结束时触发文档处理事件;在文档内每个 XML 元素接受解析的前后触发元素事件;通常任何元数据都由单独的事件处理;在处理文档的 DTD 或 Schema 时产生 DTD 或 Schema 事件。下面列举一个 XML 文档来说明:

```
<doc>
    <para> Hello,World! </para>
</doc>
```

其解析过程详见表 4.1。

表 4.1 XML 文档解析过程

步骤	命令	功能
步骤 1	start document	void startDocument( ):在读到文档开始时调用
步骤 2	start element:doc……	void startElement( ):读到开始标签时调用
步骤 3	start element:para……	
步骤 4	characters:Hello,World!	void characters( ):读到文本内容时调用
步骤 5	end element:para……	void endElement( ):读到结束标签时调用
步骤 6	end element:doc……	
步骤 7	end document	void endDocument( ):在读到文档结束时调用

优点:使用 SAX 不会占用大量内存来保存 XML 文档数据,效率高。

缺点:当解析到一个元素时,上一个元素的信息已经丢弃,也就是说没有保存元素与元素之间的结构关系。如果只是想查询 XML 文档中的数据,那么使用 SAX 是最佳选择。此外,SAX 只能读取,不能增、删、改、查。

4.2.3 DTD 和 Schema

XML 的 DTD 和 Schema 定义 XML 标记及其相互关系,规定了文档的逻辑结构和语法,也定义了元素、元素属性及两者的关系。

4.2.3.1 DTD(www.w3school.com.cn)

文档类型定义(Document Type Definitions,DTD)可定义合法的 XML 文档构建模块。它使用一系列合法的元素来定义文档的结构。DTD 可被成行地声明于 XML 文档中,也可作为一个外部引用。假如 DTD 被包含在 XML 源文件中,则它应当通过下面的语法包装在一个 DOCTYPE 声明中:

```
<!DOCTYPE 根元素 [元素声明]>
```

带 DTD 的 XML 文档实例如下:

```
<?xml version="1.0"?>
<!DOCTYPE note [
  <!ELEMENT note (to,from,heading,body)>
  <!ELEMENT to       (#PCDATA)>
  <!ELEMENT from     (#PCDATA)>
```

```
  <!ELEMENT heading (#PCDATA)>
  <!ELEMENT body    (#PCDATA)>
]>
<note>
  <to> George</to>
  <from> John</from>
  <heading> Reminder</heading>
  <body> Don't forget the meeting! </body>
</note>
```

以上 DTD 解释如下：

!DOCTYPE note（第二行）定义此文档是 note 类型的文档。

!ELEMENT note（第三行）定义 note 元素有四个："to、from、heading、body"。

!ELEMENT to（第四行）定义 to 元素为"＃PCDATA"类型。

!ELEMENT from（第五行）定义 frome 元素为"＃PCDATA"类型。

!ELEMENT heading（第六行）定义 heading 元素为"＃PCDATA"类型。

!ELEMENT body（第七行）定义 body 元素为"＃PCDATA"类型

假如 DTD 位于 XML 源文件的外部，那么它应通过下面的语法被封装在一个 DOCTYPE 定义中：

```
<!DOCTYPE 根元素 SYSTEM "文件名">
```

下面这个 XML 文档和上面的 XML 文档相同，但是拥有一个外部的 DTD：

```
<?xml version= "1.0"?>
<!DOCTYPE note SYSTEM "note.dtd">
<note>
    <to> George</to>
    <from> John</from>
    <heading> Reminder</heading>
    <body> Don't forget the meeting! </body>
</note>
```

这是包含 DTD 的"note.dtd"文件：

```
<!ELEMENT note (to,from,heading,body)>
<!ELEMENT to (#PCDATA)>
<!ELEMENT from (#PCDATA)>
<!ELEMENT heading (#PCDATA)>
<!ELEMENT body (#PCDATA)>
```

4.2.3.2 Schema(www.w3school.com.cn)

XML Schema 是基于 XML 的 DTD 替代者，用于描述 XML 文档的结构。XML Schema 语言也称作 XML Schema 定义(XML Schema Definition，XSD)。下面这个例子是一个名为"note.xsd"的 XML Schema 文件，它定义了一个 XML 文档的元素：

```
<? xml version="1.0"? >
<xs:schema xmlns:xs="http://www.w3.org/2001/XMLSchema"
targetNamespace="http://www.w3school.com.cn"
xmlns="http://www.w3school.com.cn"
elementFormDefault="qualified">
<xs:element name="note">
    <xs:complexType>
      <xs:sequence>
    <xs:element name="to" type="xs:string"/>
    <xs:element name="from" type="xs:string"/>
    <xs:element name="heading" type="xs:string"/>
    <xs:element name="body" type="xs:string"/>
      </xs:sequence>
    </xs:complexType>
</xs:element>
</xs:schema>
```

第 1 行：＜schema＞元素是每一个 XML Schema 的根元素。

第 2 行：schema 中用到的元素和数据类型来自命名空间“http://www.w3.org/2001/XMLSchema”；同时它还规定了来自命名空间“http://www.w3.org/2001/XMLSchema”的元素和数据类型应该使用前缀 xs。

第 3 行：被此 schema 定义的元素（note，to，from，heading，body）来自命名空间：“http://www.w3school.com.cn”。

第 4 行：指出默认的命名空间是“http://www.w3school.com.cn”。

第 5 行：指出任何 XML 实例文档所使用的且在此 schema 中声明过的元素必须被命名空间限定。

note 元素是一个复合类型，因为它包含其他的子元素；to，from，heading，body 等元素是简易类型，因为它们没有包含其他元素。

下面这个文件包含对 XML Schema 的引用：

```
<? xml version="1.0"? >
<note
xmlns="http://www.w3school.com.cn"
xmlns:xsi="http://www.w3.org/2001/XMLSchema- instance"
xsi:schemaLocation="http://www.w3school.com.cn note.xsd">
    <to> George</to>
    <from> John</from>
    <heading> Reminder</heading>
    <body> Don't forget the meeting! </body>
</note>
```

其中第 3 行规定了默认命名空间的声明。此声明会告知 schema 验证器，在此 XML 文档中使用的所有元素都被声明于“http://www.w3school.com.cn”这个命名空间。一旦拥有了可用的 XML Schema 实例命名空间：xmlns：xsi＝" http://www. w3. org/2001/XMLSchema-instance",就可以使用 schemaLocation 属性了。此属性有两个值:第一个值是需要使用的命名空间;第二个值是供命名空间使用的 XML schema 的位置。

4.2.3.3 Schema 和 DTD 的区别

① Schema 本身也是 XML 文档,DTD 定义跟 XML 没有什么关系。

② DTD 文档的结构是"平铺型"的,如果定义复杂的 XML 文档,很难把握各元素之间的嵌套关系;Schema 文档结构性强,各元素之间的嵌套关系非常直观。

③ DTD 只能指定元素含有文本,不能定义元素文本的具体类型,如字符型、整型、日期型、自定义类型等。Schema 在这方面的功能比 DTD 强大。

④ Schema 支持元素节点顺序的描述,DTD 没有提供无序情况的描述,要定义无序必须穷举排列的所有情况。Schema 可以利用 xs:all 来表示无序的情况。

⑤ 对命名空间的支持。DTD 无法利用 XML 的命名空间,而 Schema 可以很好地满足命名空间,并且 Schema 还提供了 include 和 import 两种引用命名空间的方法。

4.3 Web 半结构化地理数据语言

4.3.1 GML 与 KML

常见的地理信息标记语言有 GML 与 KML,两者都被 OGR 支持。GML 为网络时代的地理空间 Web 领域提供了一种"开放式"的标准,它的出发点是空间数据编码,类似于 XML;而 KML 主要用于地理数据的可视化,类似于 HTML。

4.3.1.1 GML

随着 GML(Geography Markup Language,地理标记语言)技术的日臻成熟,其在 GIS 领域的应用得到广泛推广,这使得不同的 GIS 数据实现信息共享和互操作成为可能,同时也给 Web GIS 技术的发展开辟了一条光明的道路。

(1) GML 的由来

GML 由 OGC 于 1999 年提出,是基于 XML 的地理信息编码标准,是 XML 最早的行业应用之一,用于对地理信息的构模、传输和储存。它得到了许多公司的大力支持,如 Oracle、Galdos、MapInfo、CubeWerx 等。OGC 推出 GML 的目的如下:

① 提供适用于 Internet 环境的空间信息编码方式,用于数据传输和存储。GML 以一种互联网上容易共享的方式来描述、表达地理信息,是第一个被 GIS 界广泛接受的元标记语言。在这之前开发的各种用于存储和交换地理信息的文件格式或标准,由于缺少相应的支持工具而没有被广泛接受。

② 以一种可扩展和标准化的方式为基于 Web 的 GIS 建立了良好的基础。GML 的一个重要优势就是能够让开发者或用户非常灵活地使用已被广泛接受的 XML 技术。

③ 允许对地理空间数据进行高效率编码。

④ 提供了一种容易理解的空间信息和空间关联的编码方式。

⑤ 实现空间和非空间数据的内容和表现形式的分离。GML 所描述的地理要素虽然具有默认样式,但不支持图形的直接显示。

⑥ 易于将空间信息和非空间信息进行整合。

⑦ 易于将空间几何元素与其他空间或非空间元素联结起来。

⑧ 提供一系列公共地理建模对象，从而使各自独立开发的应用之间互操作成为可能。

(2) GML 的组成

GML 采用要素(feature)来描述地理实体和地理现象，要素是通过其属性(property)来描述的，这些属性包括：空间属性、时态属性及其他非空间时态属性。例如，可以用 GML 的动态要素(dynamic feature)来描述洪灾的演变过程，其属性包括不同时刻洪水淹没的位置、范围、形状、水温及洪水扩散的速度等。以下是一个封装建筑物的 GML 示例：

```
<Feature fid="142" featureType="school" Description="A middle school">
    <Polygon name="extent" srsName="epsg:27354">
      < LineString name="extent" srsName="epsg:27354">
        <CData>
        491888.999,5458045.999 491904.999,5458044.999
        491908.999,5458064.999 491924.999,5458064.999
        491925.999,5458079.999 491977.999,5458120.999
        491953.999,5458017.999 </CData>
      </LineString>
    </Polygon>
</Feature>
```

(3) CityGML

CityGML(城市地理标记语言)是 OGC 提出的开放标准，它是在 GML 的基础上实现对城市三维景观的建模及表达。不同于 GML 表现二维地理空间的要素，CityGML 主要表现城市三维对象的通用信息。CityGML 定义了城市中大部分地理对象的类型及其之间的关系(如层次、聚合)，而且充分地考虑了区域模型的几何、拓扑、语义、外观属性等。在一个 CityGML 数据集中，同一个三维城市对象可以在 5 个细节层次上表示(图 4.6)。

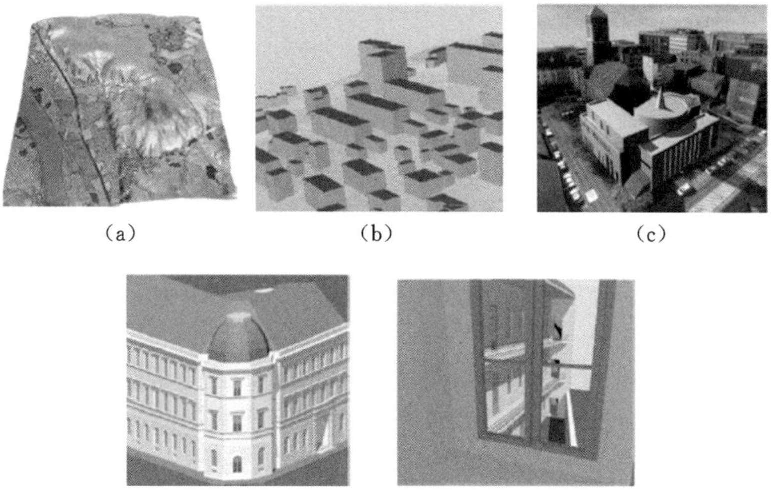

(a) (b) (c)

(d) (e)

图 4.6 CityGML 中定义的五个层级细节模型

(a) LOD0;(b) LOD1;(c) LOD2;(d) LOD3;(e) LOD4

LOD0：实质上就是 2.5 维的 DTM 数据，可以在其上叠加航空影像或者二维地图。

LOD1：用块状(block)表示建筑物，不包含任何的屋顶结构。

LOD2：描述屋顶、纹理数据、植被等对象。

LOD3：描述建筑物的结构，包括墙、屋顶结构、阳台等，可以把高分辨率的纹理叠加到这些结构面上。此外，交通对象、植被对象在这一层次做了更精细的描述。

LOD4：主要对房间的内部结构、门、窗、楼梯、家具等对象进行建模。

开发 CityGML 的主要目的是要得到一个能够在不同应用之间共享的通用模型，用于定义基本实体、属性及其之间的关系。其应用领域包括：城市规划、建筑设计、观光旅游、环境仿真、电信、灾难管理、国家安全、车辆及步行导航、训练模拟等。

(4) 开源函数库 GML4J

GML4J 是用于读取 GML 数据的 Java API，可以简化对 GML 的处理。相应地，CityGML4J 是面向 CityGML 的开源 Java API。

4.3.1.2 KML

KML 是 Keyhole 标记语言(Keyhole Markup Language)的缩写，是一种采用 XML 语法与格式的语言，用于描述和保存地理信息(如点、线、图像、多边形和 3D 模型等)。2008 年，KML 被 OGC 宣布为国际标准。KML 不同于 GML，它舍弃了拓扑关系的描述。

(1) 创建和共享 KML 文件

既可以使用 Google 地球用户界面创建 KML 文件，也可以使用 XML 或简单的文本编辑器从头输入"原始"KML。如同网络浏览器可以显示 HTML 文件一样，地球浏览器(如 Google 地球、NASA WorldWind、ESRI ArcGIS Explorer)也可以显示 KML 文件。

(2) 基本 KML 文档

地标(Placemark)、地面叠加层(GroundOverlay)、Path 和 Polygon 都可以直接在 Google 地球中编写。

① 地标。地标实际上是 KML 中的<Placemark>元素，包含一个<Point>子元素。最简单的地标只包含一个<Point>子元素，它使用图钉作为图标指定地标的位置，其代码如下：

```
<? xml version="1.0" encoding="UTF- 8"? >
<kml xmlns="http://www.opengis.net/kml/2.2">
   <Placemark>
      <name> Simple placemark</name>
         <description> Attached to the ground.Intelligently places itself at the height of the underlying terrain.
         </description>
      <Point> < coordinates> - 122.0822035425683,37.42228990140251,0</coordinates>
      </Point>
   </Placemark>
</kml>
```

② 地面叠加层。通过地面叠加层，可在 Google 地球的地形上"叠加"图像。<Icon>元素包含了指向叠加图像".jpg"文件的链接。

③ 路径。路径是用 <LineString> 元素创建的。

4.3.1.3 KML 与 GML 对比

KML 和 GML 在名称上类似，但是在功能上有很大不同。GML 主要用于地理数据的交换；而 KML 主要用于地理数据的可视化，它不仅包括地理数据的描述，还包括数据的符号化方式等信息。

4.3.2 JSON 与 GeoJSON

JSON (JavaScript Object Notation)是 JavaScript 对象表示法，是一种基于文本独立于语言的轻量级数据交换格式，方便人们阅读和编写，有利于软件的解析和生成。JSON 格式是 1999 年 *JavaScript Programming Language*，*Standard* ECMA-262 (3rd Edition)的一个子集，所以可以在 JavaScript 以 eval( )函数[javascript 通过 eval( )调用解释器]读入。不过这并不代表 JSON 无法应用于其他语言，事实上几乎所有与网页开发相关的语言都有 JSON 库。JSON 也使用了类似 C 语言家族的习惯(包括 C，C++，C#，Java，JavaScript，Perl，Python 等)。这些特性使 JSON 成为理想的数据交换语言。

4.3.2.1 JSON 结构

JSON 建构于两种结构：一种是“名称/值”对的集合；另一种是值的有序列表(An ordered list of values)，在大部分语言中，它被理解为数组。

一个 JSON 的示例如下：

```
var book={
    "bookName":JSON
    "bookPublic":WHU.PUBLIC，
    "bookAuthor":Faitle
}
```

对应的 XML 表示为：

```
<book>
    <bookName> JSON</bookName>
    <bookPublic> WHU.PUBLIC</bookPublic>
    <bookAuthor> Faitle</bookAuthor>
</book>
```

JSON 可以将 JavaScript 对象中表示的一组数据转换为字符串，然后就可以在函数之间轻松地传递这个字符串，或者在异步应用程序中将字符串从 Web 客户机传递给服务器端程序。JSON 与 XML 都是一种半结构化的语言或格式，因而能进行相互转换(图 4.7)。

4.3.2.2 GeoJSON

传统的 WFS 请求以各种 XML 的形式返回结果，但是解析 XML 并不是一种高效的方式。而 GeoJSON 的目的就是将 JSON 方式的数据传输引入 WFS 查询。

GeoJSON 是一个用于编码各种地理数据结构的开放格式，其格式规范于 2008 年完成。事实上，一个 GeoJSON 数据结构也是一个 JSON 对象，因而 JSON 工具也能用于处理 GeoJSON 数据。GeoJSON 保留了 JSON 的结构，但增加了一些约束条件，主要是空间几何方

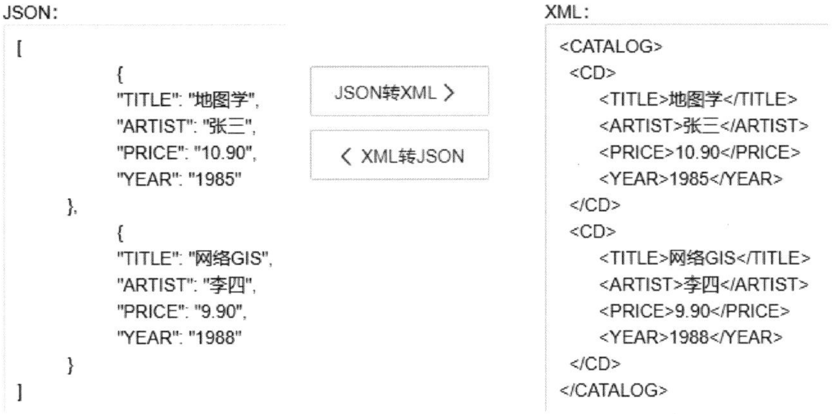

图 4.7　JSON 与 XML 的相互转换实例

面。GeoJSON 支持的空间数据格式包括点、多边形、几何集合等。图 4.8 所示为一个在线生成 GeoJSON、KML、TopoJSON 等数据格式的平台(http://geojson.io/)。

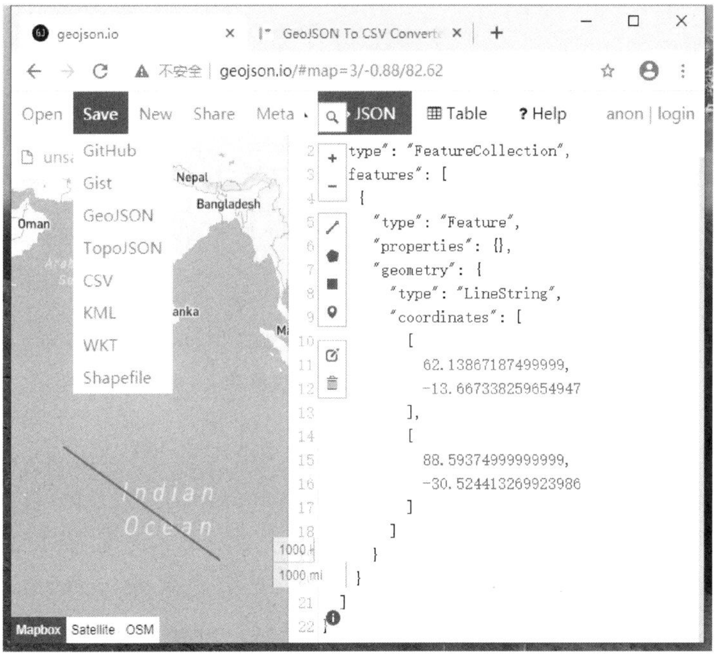

图 4.8　在线生成 GeoJSON 格式

目前,支持 CeoJSON 的制图和 GIS 软件较多,包括 Yahoo! 和 Google API 服务。在地图 Mashup 开发中,大多数地图制图 API 均采用 JavaScript 形式提供,因此都能够支持 GeoJSON 格式的数据。对于有很好的 JavaScript 语言基础的开发者来说,CeoJSON 使用起来也很方便。鉴于 XML 与 JSON 之间能相互转换,GML 与 CeoJSON 在理论上也能相互转换。TopoJSON 是 GeoJSON 按拓扑学编码后的扩展形式。Geobuf 是一个紧凑的二进制格式,用于对 GeoJSON 和 TopoJSON 数据进行无损压缩。

4.3.2.3　glTF 格式

glTF(GL Transmission Format)是使用 JSON 组织 3D 场景和模型的文件格式，是一种针对 GL 的接口，包括 WebGL、OpenGL ES 及 OpenGL 等。它是基于运行时的 3D 内容传输和加载格式，由 Khronos 于 2015 年推出，其主要特点是在 Web 传输和解析上具有二进制传输方式所不具备的高效性，同时易扩展、可协作。

glTF 保留了三维场景的基本元素(如节点层次、材质、纹理、动画、相机、灯光等)，将场景层次结构和包含顶点、索引和动画键帧数据的二进制块分隔为原始字节数组，通过 JSON 文件描述节点的层次结构、网格、材质如何进行二进制块访问(图 4.9)。

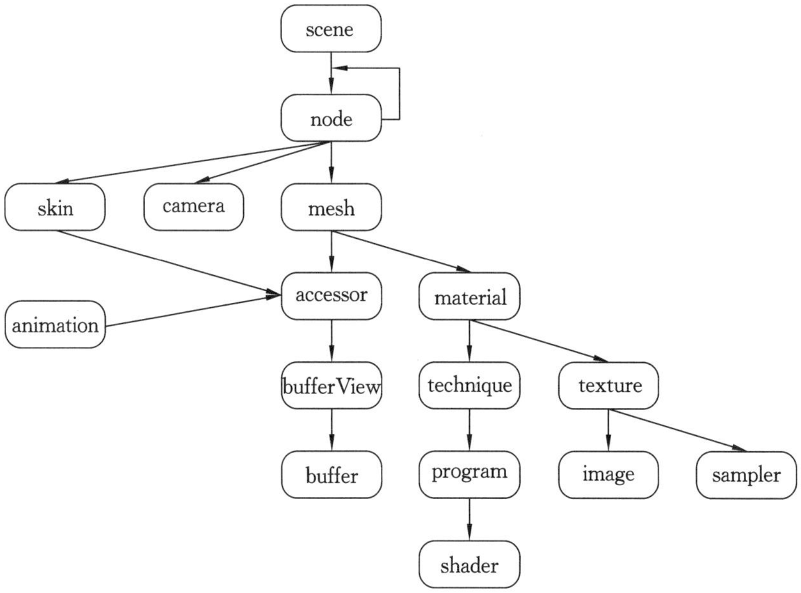

图 4.9　glTF 模型节点层次

glTF 模型由多个场景(scene)组成，场景又通过构造的多个节点(node)形成索引，节点索引的元素可以包括几何体构成图元(mesh)、相机(camera)、骨骼(skin)等。一个 mesh 又包括图元组成数据和材质(material)，前者可以通过 accessor 访问器对数据内容(buffer View)进行访问获取，后者内容的定义则包括材质的着色效果(technique)和纹理贴图(texture)，通过对各自所定义内容，如 shader(着色器)、image、sample(采样器)等的调用，实现材质的渲染。与 mesh 同一层级的骨骼、动画(animation)用于实现几何对象的动画效果。相机则用于对观察视角进行定义。

4.3.2.4　3D Tiles 技术

3D Tiles 是 Cesium 在 2016 年推出的一种定位于 Web 环境下实现海量三维模型加载的数据规范，在 glTF 数据格式的基础上提供了分层 LOD 处理，模型瓦片的渲染分辨率根据相机的视野高度进行相应调整。在 3D 瓦片中，瓦片数据集是在空间数据结构(树)中组织的一组图块(图 4.10)。一个瓦片数据集由至少一个瓦片集 JSON 文件描述，该文件包含瓦片集元数据和瓦片对象树。

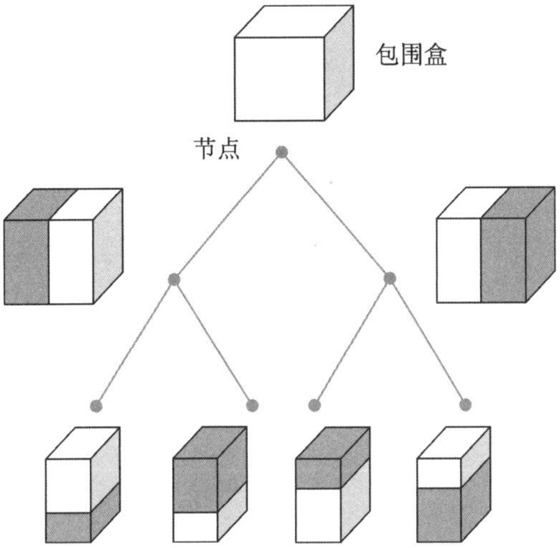

图 4.10 3D Tiles 瓦片结构示意图

3D Tiles 的数据有五个类别，分别是批量 3D 模型(b3dm，Batched 3D Model，大型异构 3D 模型，包括三维建筑物、地形等)、实例 3D 模型(i3dm，Instanced 3D Models，3D 模型实例，如树、风力发电机等)、点云数据(pnts，Point Cloud)、矢量数据(vctr，Vector Data)及复合数据(cmpt，Composite，以上不同格式的切片组合到一个切片中)。

4.3.3 WKT/WKB

WKT 与 WKB 是 OGC 制定的空间数据的组织标准，属于简单要素接口标准(Simple Features Interface Standard，SFS)。WKT 用于表示矢量几何对象、空间参照系统及空间参照系统之间的转换。WKB 是 WKT 的二进制表示形式，解决了 WKT 表达方式冗余的问题，便于传输和在数据库中存储相同的信息。

WKT 与 GeoJSON 一样，将矢量几何分为点(Point，MultiPoint)、线(LineString，MultiLineString)、面(Polygon，MultiPolygon)、几何集合(GeometryCollection)四种。WKT 可以表示的几何对象包括点、线、多边形、TIN(不规则三角网)及多面体。它通过几何集合的方式还能表示不同维度的几何对象，如 2D(x，y)，3D(x，y，z)，4D(x，y，z，m)。其中，x，y，z 表示几何点的空间位置信息；m 可用来表示几何点的非时空属性值，如温度、浓度。表 4.2 所列为 WKT 与 GeoJSON 在点、线、多边形方面的对比。

WKT 与 GeoJSON 的主要区别：WKT 是单独用来表示空间点、线、多边形数据的，不能附带属性数据；GeoJSON 可以用来表示空间数据和属性数据的集合，还可以包含图层信息。

一般在地图的客户端支持按照 GeoJSON 的形式进行图层加载，在后端的数据库处理中一般是支持 WKT/WKB 格式的坐标返回，所以在中间需要有一个转换过程。当然，在新版的 PostGIS 中可以直接返回 GeoJSON 数据。

表 4.2　WKT 与 GeoJSON 的对比

类型	形状	WKT 表达	GeoJSON 表达
点（Point）	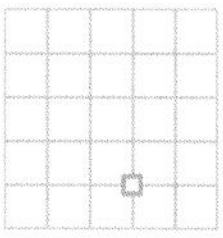	POINT (30 10)	{"type": "Point", "coordinates": [30, 10]}
线（LineString）	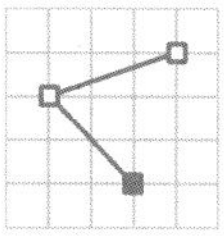	LINESTRING (30 10, 10 30, 40 40)	{"type":"LineString", "coordinates": [[30, 10], [10, 30], [40, 40]]}
多边形（Polygon）	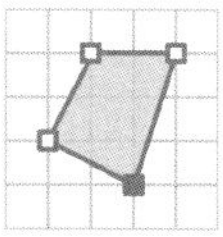	POLYGON (30 10, 40 40, 20 40, 10 20, 30 10)	{"type": "Polygon", "coordinates": [[30, 10], [40, 40], [20, 40], [10, 20], [30, 10]]}
	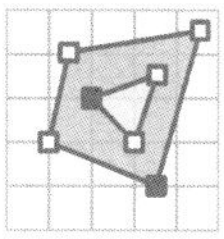	POLYGON (35 10, 45 45, 15 40, 10 20, 35 10), (20 30, 35 35, 30 20, 20 30)	{"type": "Polygon", "coordinates": [[[35, 10], [45, 45], [15, 40], [10, 20], [35, 10]], [[20, 30], [35, 35], [30, 20], [20, 30]]] }

4.3.4　格式实例对比

同一空间数据（由两个点组成）可由四种数据格式描述。

（1）KML 编码示例

```
<?xml version="1.0" encoding="utf8" ? >
<kml xmlns="http://www.opengis.net/kml/2.2">
<Document id="root_doc">
<Schema name="KMLPoints" id="KMLPoints">
      <SimpleField name="id" type="float"></SimpleField>
</Schema>
<Folder><name>KMLPoints</name>
   <Placemark>
<Point><coordinates> - 1.03301886792453,1.88207547169811</coordinates></Point>
   </Placemark>
   <Placemark>
<Point><coordinates> - 1.39150943396226,2.15801886792453</coordinates></Point>
   </Placemark>
</Folder>
</Document>
</kml>
```

（2）GML 编码示例

```
<?xml version="1.0" encoding="utf-8" ?>
<ogr:FeatureCollection
     xmlns:xsi="http://www.w3.org/2001/XMLSchema-instance"
     xsi:schemaLocation="http://ogr.maptools.org/ gmlPoints.xsd"
     xmlns:ogr="http://ogr.maptools.org/"
     xmlns:gml="http://www.opengis.net/gml">
  <gml:boundedBy>
    <gml:Box>
<gml:coord><gml:X>-1.391509433962264</gml:X><gml:Y>1.882075471698113</gml:Y> </gml:coord>
<gml:coord><gml:X>-1.033018867924528</gml:X><gml:Y>2.158018867924528</gml:Y> </gml:coord>
    </gml:Box>
  </gml:boundedBy>
  <gml:featureMember>
    <ogr:gmlPoints fid="gmlPoints.0">
      <ogr:geometryProperty><gml:Point srsName="EPSG:4326"><gml:coordinates>
-1.03301886792453,1.88207547169811</gml:coordinates></gml:Point></ogr:geometryProperty>
      <ogr:id xsi:nil="true"/>
    </ogr:gmlPoints>
  </gml:featureMember>
  <gml:featureMember>
    <ogr:gmlPoints fid="gmlPoints.1">
      <ogr:geometryProperty><gml:Point srsName="EPSG:4326"><gml:coordinates>
-1.39150943396226,2.15801886792453</gml:coordinates></gml:Point></ogr:geometryProperty>
      <ogr:id xsi:nil="true"/>
    </ogr:gmlPoints>
  </gml:featureMember>
</ogr:FeatureCollection>
```

（3）GeoJSON 编码示例

```
{
"type":"FeatureCollection",
"name":"geojsonPoints",
"crs":{ "type":"name","properties":{ "name":"urn:ogc:def:crs:OGC:1.3:CRS84" } },
"features":[
{ "type":"Feature","properties":{ "id":null },"geometry":{ "type":"Point",
"coordinates":[ -1.033018867924528,1.882075471698113 ] } },
{ "type":"Feature","properties":{ "id":null },"geometry":{ "type":"Point",
"coordinates":[ -1.391509433962264,2.158018867924528 ] } }
]
}
```

(4) WKT/WKB 编码示例

① WKT 编码示例：

POINT (- 1.03301886792453,1.88207547169811)

POINT (- 1.39150943396226,2.15801886792453)

② WKB 编码示例见图 4.11。

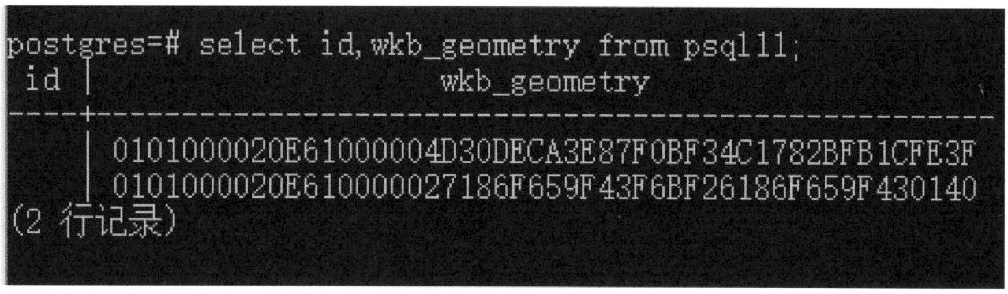

图 4.11　WKB 编码示例

(5) 比较

① 近年来，基于 GML/KML 的空间数据库研究并不是很多，因为这两个数据以文档储存管理为主，数据的查询更新效率低下，特别在文档较大时，对内存的要求也比较高，相比 GeoJSON 和 WKT 麻烦很多。它们的优势主要是标签格式易扩展且不受数据格式的限制，可以包含更加复杂的信息，因此可用于数据的传输和少量本地文件的存储，在没有构建完善的空间数据库时可以用其存储空间数据。

② WKT 的优势就是只有空间数据，比较简洁，对于数据库的查询等功能比较友好，所以 PostGIS 的空间数据存储就是以 WKT/WKB 进行的；但缺点是没有别的属性，在数据库中需要单独建立别的属性进行存储，同时传输时识别机制不够完善。

③ GeoJSON 相对而言比 WKT 复杂一点，但是可以包含非空间属性，传输时数据量比 GML、KML 小，又简洁，编码解码性能更好，还比 WKT 易读，内容全面。

4.4　Web 结构型地理数据语言

逗号分隔值(Comma-Separated Values，CSV，有时也称为字符分隔值，因为分隔字符也可以不是逗号)是一种通用的、相对简单的文件格式，被广泛应用。最广泛的应用是在程序之间转移表格数据，而这些程序本身是在不兼容的格式上进行操作的(往往是私有的和/或无规范的格式)。通常.CSV 文件默认是可以被 Excel 打开的。

(1) CSV

CSV 文件以纯文本形式存储表格数据(数字和文本)。纯文本意味着该文件是一个字符序列，不含必须像二进制数字那样被解读的数据。CSV 文件格式的通用标准并不存在，它并不是一种单一的、定义明确的格式。因此在实践中，“CSV”泛指具有以下特征的任何文件：

① 纯文本，使用某个字符集，比如 ASCII、Unicode、EBCDIC 或 GB2312；

② 由任意数目的记录组成(典型的是每行一条记录)，记录间以某种换行符分隔；

③ 每条记录被分隔符分隔为字段(典型分隔符有逗号、分号或制表符;有时分隔符可以包括可选的空格);

④ 每条记录都有同样的字段序列。

在这些常规的约束条件下,存在许多 CSV 变体,故 CSV 文件并不完全互通。然而这些变异非常小,并且有许多应用程序允许用户预览文件(这是可行的,因为它是纯文本),然后指定分隔符、转义规则等。如果一个特定 CSV 文件的变异过大,超出了特定接收程序的支持范围,那么可行的做法往往是人工检查并编辑文件,或通过简单的程序来修复问题。因此在实践中,CSV 文件还是非常方便的。

下面是一个实际 CSV 文件中的部分内容:

```
sj_mino1001.jpg,715282,4FB55FE8,
sj_mino1002.jpg,471289,93203C5C,
sj_mino1003.jpg,451929,C4E80467,
```

通常 CSV 文件开头是不留空的,以行为单位,每行中记录一张图片的多项数据,每项数据用逗号来分隔(标准英文逗号)。一般说来,集图用的.CSV 文件的格式详见表 4.3。

表 4.3 集图用的.CSV 文件的格式

文件名	文件大小(以字节为单位)	CRC 校验值
sj_mino1001.jpg	715282	4FB55FE8
sj_mino1002.jpg	471289	93203C5C
sj_mino1003.jpg	451929	C4E80467

图 4.12 所示是 XML 格式转换为 CSV 格式。

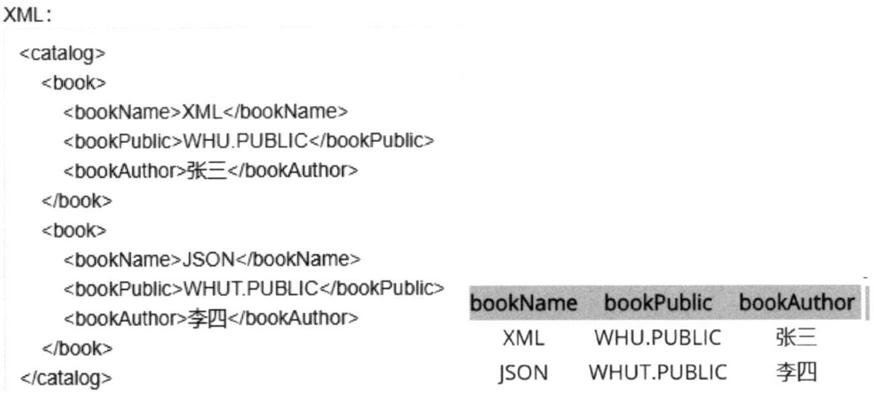

图 4.12 XML 与 CSV 格式的转换

(2) GeoCSV

将空间几何对象采用 WKT 和 WKB (Well Known Binary)格式进行描述,并采用 CSV 格式进行存储,这种空间数据存储方式被定义为 GeoCSV。GeoCSV 应该是目前最简单的一种空间数据格式。CeoJSON 能通过相应工具(如在线平台)转换为 GeoCSV(图 4.13)。

图 4.13　CeoJSON(上节的数据)在线转换为 GeoCSV

(3) 文本数据格式的比较

GML/KML 是 XML 型的,介于无结构与结构数据之间。GeoJSON 和 WKT 在 XML 与结构数据之间,较 XML 的结构性强,而 WKT 又较 GeoJSON 的结构性强。GeoCSV 则较 WKT 的结构性强。从 GML/KML→GeoJSON→WKT→GeoCSV,其结构性不断增强,阅读难度增加,而计算机编码解码的效率也随之增加。

思　考　题

讨论 1:生活中的数据,有哪些是结构化的,哪些是半结构化的,哪些是无结构化的?

讨论 2:无结构化数据是没有结构吗?

讨论 3:地理标记语言是数据库吗?其区别于其他 GIS 数据的特点有哪些?

讨论 4:GML、JSON、CSV 等都是文本语言,都属于半结构化格式吗?

综合题:选择一种常见的空间数据模型,建立其与 GML 的映射关系,并实现该数据模型到 GML 格式的转换。

思政 1:本章的知识对应于互联网的哪些思维?

5　Web GIS 数据存储

本章主要联系的课程："数据库原理"。

数据库(Database)是按照数据结构来组织、存储和管理数据的仓库。Web 应用的半结构化数据不同于传统空间数据库存储的结构化数据，这意味着传统关系型或关系-对象型空间数据库不能满足 Web 2.0 环境下日益增长的半结构化数据存储的需求。本章主要介绍 SQL 型和 NoSQL 型空间数据库。

5.1　概　　述

近代数据库技术的发展可以划分为三个阶段：商业数据库时代，以 Oracle、DB2、Sybase、SQL Server 等产品为代表；开源数据库时代，以 MySQL、PostgreSQL、MongoDB、Redis 等产品为代表；云数据库时代，以 Oracle 的自治数据库、AWS 的 Aurora、阿里云的 POLARDB 等产品为代表。

5.1.1　Web 数据库演化

数据库的本质是存取数据。随着计算机由单机向网络发展，数据库的存储功能没有变化，但随着终端由单机(客户机)转向 Web 端(用户)而对数据库的存取效率提出了更高要求，促进数据库技术由经典的 SQL 型朝着 NoSQL 型转变。这也体现了 Web 2.0 时代以用户为中心的互联网思维。

(1) 单机 MySQL 的美好时代

MySQL 是一个关系型数据库管理系统，由瑞典 MySQL AB 公司开发，属于 Oracle 旗下产品。MySQL 是最流行的关系型数据库管理系统之一，在 Web 应用方面，MySQL 是最好的 RDBMS(Relational Database Management System，关系数据库管理系统)应用软件之一。

在 20 世纪 90 年代，一个网站的访问量一般都不大，且更多的是静态网页，用单个数据库完全可以轻松应付。用户(APP)通过 DAO 层(Data Access Object，数据访问层-Hibernate，MyBatis)访问单个数据库(图 5.1)。

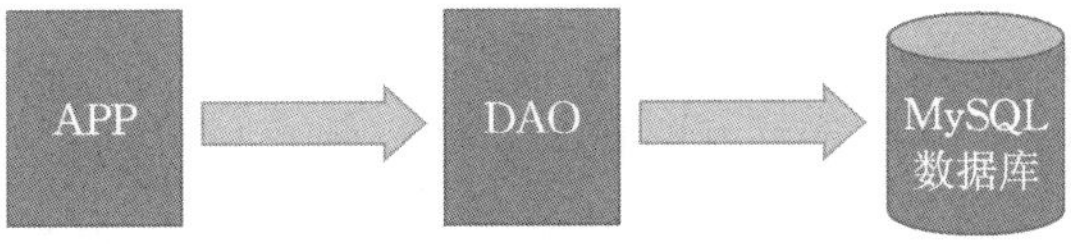

图 5.1　单一数据库架构

DAO 的作用是封装对数据库的访问:增、删、改、查,不涉及业务逻辑,只是达到按某个条件获得指定数据的要求。Hibernate 是一个开放源代码的对象关系映射框架,作为数据库与界面之间的桥梁需要面向对象思想操纵对象。MyBatis 是一款优秀的持久层框架,它支持定制化 SQL、存储过程及高级映射。

然而,对于一个数据库机器,当出现如下情形时,只能对数据库的整体架构进行重构:容量不能满足数据量要求;内存不能满足数据的索引(B+Tree)量要求;一个实例不能承受访问量(读写混合)。

(2) Memcached(缓存)+MySQL+垂直拆分

后来,随着网站访问量的上升,几乎大部分使用 MySQL 架构的网站在数据库上都开始出现了性能问题。Web 程序不再仅仅专注于功能,同时也在追求性能。程序员开始大量使用缓存技术来缓解数据库的压力,优化数据库的结构和索引。开始比较流行的是通过文件缓存来缓解数据库压力,但是当访问量继续增大的时候,多台 Web 机器通过文件缓存不能共享,大量的小文件缓存也带来了比较高的 IO 压力。这个时候,Memcached 就自然地成为一个非常时尚的技术产品(图 5.2)。

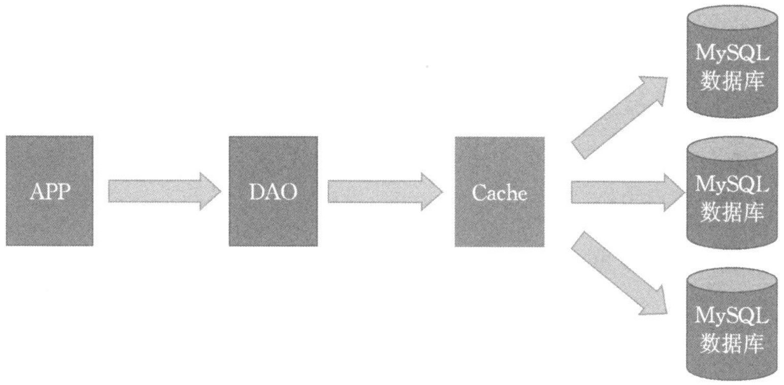

图 5.2　Memcached(缓存)+MySQL+垂直拆分

Memcached 是一个开源、高性能、分布式内存对象缓存系统,是一种基于内存的 key-value 存储,用来存储小块的任意数据(字符串、对象)。一般的使用目的是,通过缓存数据库查询结果,减少数据库访问次数,以提高动态 Web 应用的速度,提高可扩展性。

(3) MySQL 主从读写分离

由于数据库的写入压力增加,Memcached 只能缓解数据库的读取压力。读写集中在一个数据库上让数据库不堪重负,大部分网站开始使用主从复制技术来实现读写分离,以提高读写性能和读库的可扩展性。MySQL 的 master-slave 模式成为这个时候的网站标配(图 5.3)。

(4) 分库分表+水平拆分+MySQL 集群

在 Memcached 的高速缓存,MySQL 的主从复制、读写分离的基础之上,MySQL 主库的写压力开始出现瓶颈。在高并发写数据的情况下,传统默认存储引擎 MyISAM 由于采用表锁而出现严重的锁问题;现在开始使用基于行锁的默认存储引擎 InnoDB,它能降低发生冲突的概率从而提高并发性能。MySQL 推出了 Cluster 集群(图 5.4),尽管其性能还不能很好地满足互联网的要求,但具有很高的可靠性。

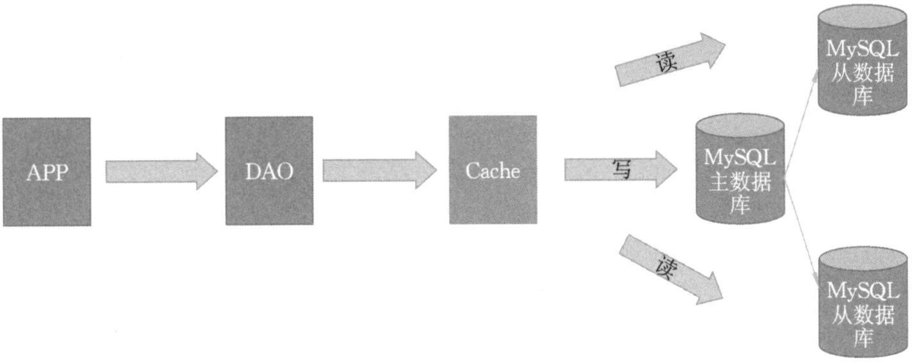

图 5.3 主从读写分离型数据库架构

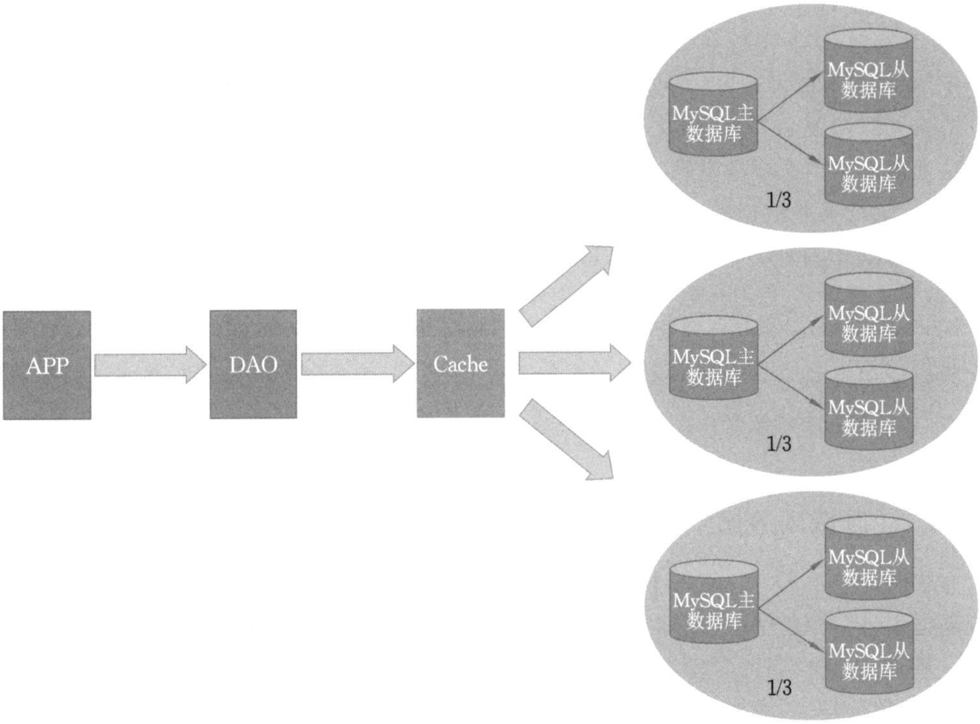

图 5.4 分库分表＋水平拆分＋MySQL 集群

(5) MySQL 的扩展性瓶颈

MySQL 的扩展性差(需要复杂的技术来实现),大数据下 IO 压力大,表结构更改困难,正是当前使用 MySQL 的开发人员面临的问题。当前的数据库架构采用负载均衡主机(软负载:Nginx;硬负载:F5)在 Web 服务器集群之间进行调度,再由具体的 Web 服务器(Tomcat)去访问缓存和访问数据库。

(6) NoSQL 的兴起

关系数据库很强大,但是它并不能很好地应付所有的应用场景。随着互联网的不断发展,各类型的应用层出不穷,对技术提出了更多的需求:

① 低延迟的读写速度：应用快速的反应能极大地提升用户的满意度；

② 海量的数据和流量：对于大型搜索应用而言，需要利用 PB 级的数据和能应对百万级的流量；

③ 大规模集群的管理：系统管理员希望能更简单地部署和管理分布式应用；

④ 庞大运营成本的考量：IT 经理们希望能大幅降低硬件、软件和人力方面的成本。

虽然关系型数据库已经在业界的数据存储方面占据了不可动摇的地位，但是其天生的几个限制，使其很难满足上面这几个要求，具体情况如下：

① 扩展困难：由于存在类似 join 这类多表查询机制，使得数据库在扩展方面很艰难，无法像 Web Server 和 App Server 那样简单地通过添加更多硬件和服务节点来扩展性能和负载能力。

② 读写慢：主要发生在数据量达到一定规模时，关系型数据库非常容易发生死锁等并发问题，导致读写速度下降非常严重。

③ 成本高：企业级数据库的 License 价格很惊人，并随着系统规模增大而不断上升。

④ 有限的支撑容量：现有关系型解决方案还无法支撑海量网络数据存储。

随着互联网 Web 2.0 网站的兴起，Web 应用驱动的数据呈几何级数增长(自 1990 年开始)，远远超出了商业事务数据。其中，非结构化数据的占比也呈几何级数增长(自 2000 年开始)。传统的关系数据库在处理 Web 2.0 网站，特别是超大规模和高并发的 SNS (Social Networking Services，Social Network Software)类型的 Web 2.0 纯动态网站已经显得力不从心，出现了很多难以克服的问题。

NoSQL 数据库的产生就是为了解决大规模数据集合、多重数据种类带来的挑战，尤其是大数据应用难题。当下的网络数据库应用包括：①SQL 与 NoSQL 一起使用，代表项目有阿里巴巴商品信息的存放；②去 IOE 化，就是去掉以 IBM、ORACLE 和 EMC 为代表的传统 IT 架构。

5.1.2 互联网数据中心

互联网数据中心(Internet Data Center，简称 IDC)是指一种拥有完善的设备(包括高速互联网接入带宽、高性能局域网络、安全可靠的机房环境等)、专业化管理的服务平台。在这个平台基础上，IDC 服务商为客户提供互联网基础平台服务(服务器托管、虚拟主机、邮件缓存、虚拟邮件等)及各种增值服务(场地的租用服务、域名系统服务、负载均衡系统、数据库系统、数据备份服务等)。

5.1.2.1 简介

随着电子商务的兴起，企业用户会把越来越多的业务通过 Internet 或者 Intranet 来进行处理，这使得企业可以更好地节约成本、提高效率。但是，如果企业自己构建这样一个平台，就需要自己建机房、建系统、聘请很多的开发及维护人员，不仅需要大量的资金投入，而且也很难达到专业级的服务品质。IDC 就可以为企业提供这一系列支持，免去企业的后顾之忧。

IDC 服务的主要对象包括：大型跨国企业机构、互联网服务供应商、互联网内容供应商、电子商务服务供应商、应用软件服务供应商、系统集成供应商、多媒体服务供应商、网站设计及托管供应商等。

IDC的发展经历了三个不同阶段：第一代的数据中心只提供场地、带宽等基础托管服务；第二代的数据中心则是以增值服务和电子商务作为其服务的核心；第三代的数据中心能够提供融合的托管服务，可以实时地将互联网信息、电话信息、传真信息等集成在一起，再以客户最容易接受的方式提供给客户。这样，第三代的数据中心其实变成了一个网络服务中心。

5.1.2.2 特点

① 具备满足网站系统托管外包服务需求的基础设施，这个设施包括稳定可靠的宽带互联网接入和安全可靠的电信级机房环境。

② 具备提供高品质增值服务的功能，包括系统维护（如系统配置、软件安装、数据备份、故障排除等）、管理化服务（如带宽管理、流量分析、入侵检测、系统漏洞诊断、数据备份、负载均衡、Cache服务等）、支持服务（如技术支持热线等）、集成化服务（如提供数据中心、集成通信与IT专业服务的全面集成化服务等）等。

③ 具备提供网络高速互联的能力，能让来自任何一个网络的用户高速访问其他运营网络。同时，通过提供的高品质服务，基本淡化IDC入住用户的地域性限制（如位于上海的网站也完全可跨地域在北京的IDC进行主机托管业务）。

④ 用户通过IDC的服务，可极大地降低其自身的运营成本。

⑤ 与用户签订完善的服务水平协议（SLA）。

5.1.2.3 国家空间科学数据中心

国家空间科学数据中心（www.nssdc.ac.cn）于2019年6月5日正式成立，该中心拥有空间科学领域国家科技计划项目、重大科研专项任务和长期野外台站观测产生的科学数据，学术论文关联数据，以及领域软件工具、计算与存储设施等科技资源。中心秉承“公开为常态，不公开为例外”的原则，以构建开放性、网络化的空间科学大数据服务平台为目标，竭诚为科研院所、高等院校、科技企业、机关单位等用户提供优质的科技资源支撑服务。中心是支撑服务国家战略目标的重要基础设施，是国家科技条件保障类科技创新基地，对提升科技资源潜在价值、支撑科技创新活动、推动空间科学学科领域发展具有重要意义。

5.1.3 云计算

云计算（cloud computing）不是一种全新的网络技术，而是一种全新的网络应用概念。云计算的核心就是以互联网为中心，在网站上提供快速且安全的云计算服务与数据存储，让每一个互联网用户都可以使用网络上的庞大计算资源与数据中心。

5.1.3.1 云计算的定义

云计算是分布式计算的一种，指的是通过网络“云”将巨大的数据计算处理程序分解成无数个小程序，然后通过多部服务器组成的系统处理和分析这些小程序并将结果返回给用户。因而，云计算又称为网格计算。通过这项技术，可以在很短的时间内（几秒种）完成对数以万计的数据的处理，从而获得强大的网络服务功能。目前，云服务已经不单单是一种分布式计算，而是分布式计算、效用计算、负载均衡、并行计算、网络存储、热备份冗杂和虚拟化等计算机技术混合演进并跃升的结果。

5.1.3.2　云计算的特点

云计算的可贵之处在于高灵活性、可扩展性和高性价比等，与传统的网络应用模式相比，其具有如下优势与特点：

（1）虚拟化技术。虚拟化突破了时间、空间的界限，是云计算最为显著的特点，虚拟化技术包括应用虚拟和资源虚拟两种。众所周知，物理平台与应用部署的环境在空间上是没有任何联系的，物理平台正是通过虚拟平台对相应终端操作完成数据备份、迁移和扩展等的。

（2）动态可扩展。云计算具有高效的运算能力，在原有服务器基础上增加了云计算功能，能够使计算速度迅速提高，最终实现动态扩展虚拟化的层次，从而达到对应用进行扩展的目的。

（3）按需部署。计算机包含许多应用、程序软件等，不同的应用对应的数据资源库不同，所以用户运行不同的应用需要较强的计算能力对资源进行部署，而云计算平台能够根据用户的需求快速配备相应的计算能力及资源。

（4）灵活性高。目前市场上大多数 IT 资源及软、硬件都支持虚拟化，比如存储网络、操作系统和开发软、硬件等。虚拟化要素可统一放在云系统资源虚拟池当中进行管理，可见云计算的兼容性非常强，不仅可以兼容低配置机器、不同厂商的硬件产品，还能够外设获得更高计算性能。

（5）可靠性高。即使服务器故障也不影响计算与应用的正常运行。因为单点服务器出现故障，可以通过虚拟化技术将分布在不同物理服务器上的应用进行恢复或利用动态扩展功能部署新的服务器进行计算。

（6）性价比高。将资源放在虚拟资源池中统一管理在一定程度上优化了物理资源，用户不再需要昂贵、存储空间大的主机，可以选择相对廉价的 PC 组成云，一方面减少费用，另一方面计算性能也不逊于大型主机。

（7）可扩展性。用户可以利用应用软件的快速部署条件来更为简单快捷地将自身所需的已有业务及新业务进行扩展。如，计算机云计算系统中出现设备故障，对于用户来说，无论是在计算机层面上抑或是在具体运用上均不会受到阻碍，可以利用计算机云计算具有的动态扩展功能来对其他服务器开展有效扩展，这样一来就能够确保任务得以有序完成。在对虚拟化资源进行动态扩展的情况下，能够高效扩展应用，提高计算机云计算的操作水平。

5.1.3.3　云计算的服务类型

通常，云计算的服务类型分为三类，即基础设施即服务（IaaS）、平台即服务（PaaS）和软件即服务（SaaS）。这三种云计算服务有时称为云计算堆栈。

（1）IaaS：它向云计算提供商的个人或组织提供虚拟化计算资源，如虚拟机、存储、网络和操作系统。

（2）PaaS：其为开发人员提供通过全球互联网构建应用程序和服务的平台。PaaS 为开发、测试和管理软件应用程序提供按需开发环境。

（3）SaaS：通过互联网提供按需软件付费应用程序，云计算提供商托管和管理软件应用程序，允许其用户连接到应用程序并通过全球互联网访问应用程序。

5.1.3.4　云 GIS

云 GIS 是基于云计算的理论、方法和技术，它可以扩展 GIS 的基本功能，从而进一步改进传统 GIS 的结构体系，以实现海量空间数据的高性能存取与处理操作，使其更好地提供高效的计算能力和数据处理能力，解决地理信息科学领域中计算密集型和数据密集型的各种问题。其实质是将 GIS 的平台、软件和地理空间信息方便、高效地部署到以云计算为支撑的“云”基础设施上，以弹性的、按需获取的方式提供最广泛的基于 Web 的服务。

5.2　SQL 型数据库

SQL(Structured Query Language)数据库，指关系型数据库。它性能好、稳定性高，且使用简单、功能强大，主要代表有：SQL Server、Oracle、MySQL、PostgreSQL、Firebird、MariaDB、SparkSQL。其中，MySQL 为互联网的发展做出了卓越的贡献，MariaDB 是 MySQL 的一个分支，主要由开源社区在维护。

5.2.1　基本概念

目前主流的存储系统大部分采用关系型数据库，其主要有以下优点：高度组织化、结构化数据；结构化查询语言(SQL)支持；数据和关系都存储在单独的表中；数据操纵语言和数据定义语言；通过基础事物机制，严格保持数据的一致性；ACID 特性支持。

(1) ACID 规则

事务(transaction)和现实世界中的交易很类似，它有如下四个特性：

① A (Atomicity) 原子性：事务里的所有操作要么全部做完，要么都不做，事务成功的条件是事务里的所有操作都成功，只要有一个操作失败，整个事务就失败，需要回归到事务开始前的状态。

② C (Consistency) 一致性：数据库要一直处于一致的状态，事务的运行不会改变数据库原本的一致性约束。

③ I (Isolation) 独立性：并发的事务之间不会互相影响，如果一个事务要访问的数据正在被另外一个事务修改，只要另外一个事务未提交，它所访问的数据就不会受未提交事务的影响。

④ D (Durability) 持久性：一旦事务提交后，它所做的修改将会永久地保存在数据库中，即使出现宕机也不会丢失。

(2) 部分实例数据库

① MySQL。MySQL 是开源的，支持大型的数据库，可以运行于多个系统上并且支持多种语言(如 C、C++、Python、Java、Perl、PHP)，采用 GPL 协议就可以修改源码来开发自己的 MySQL 系统。

② SQLite。SQLite 是一款轻型的数据库，是遵守 ACID 的关系型数据库管理系统，具有简单、稳定、跨平台、易于使用和真正的轻量级特点。它的设计目标是嵌入式的。它占用资源非常低，在嵌入式设备中，可能只需要几百 kB 的内存就够了。它有 ODBC 接口，相比 MySQL、PostgreSQL 这两款开源的数据库管理系统来讲，它的处理速度更快。每个

SQLite 数据库都是一个简单文件,用户可以复制、压缩和传送。为了使 SQLite 能够处理空间数据,需要在 SQLite 中加载空间扩展。SpatiaLite 是 SQLite 数据的空间数据引擎。

③ GeoPackage。GeoPackage 是内部使用 SQLite 实现的一种单文件、与操作系统无关的地理数据库。它能存储的数据有矢量数据、栅格数据、属性数据(非空间数据)等。

5.2.2 PostgreSQL 与 PostGIS

PostGIS 在对象关系型数据库 PostgreSQL 上增加了存储管理空间数据的能力,相当于 Oracle 的 spatial 部分。PostGIS 最大的特点是符合并且实现了 OpenGIS 的一些规范,是最著名的开源 GIS 数据库。

(1) PostgreSQL 数据库

PostgreSQL 是一个免费的对象-关系数据库服务器(ORDBMS),在灵活的 BSD(Berkly Software Distribution)许可证下发行,支持包括文本、任意精度的数值数组、JSON 数据、枚举类型、XML 数据等。

在 PostgreSQL 中已经定义了一些基本的集合实体类型,包括点、线、线段、方形、多边形和圆等,也定义了一系列的函数和操作符来实现几何类型的操作和运算。尽管 PostgreSQL 提供了上述几项支持空间数据的特性,但仍很难达到 GIS 的要求,主要表现在:缺乏复杂的空间类型;没有提供空间分析;没有提供投影变换功能。为了使 PostgreSQL 更好地提供空间信息服务,PostGIS 应运而生(图 5.5)。

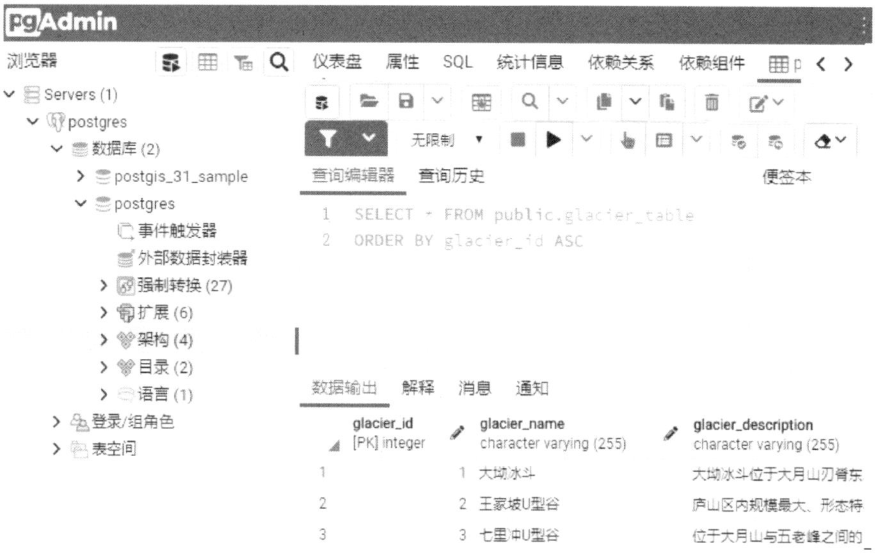

图 5.5　PostGIS 的一个界面

(2) PostGIS 引擎

PostGIS 是由 Refractions 公司开发的,它提供空间对象、空间索引、空间操作函数和空间操作符等空间信息服务功能。PostGIS 的版权被纳入 GNU 的 GPL 中,也就是说任何人都可以自由得到 PostGIS 的源代码并对其做研究和改进。正是由于这一点,PostGIS 得到了迅速的发展，越来越多的爱好者和研究机构参与 PostGIS 的应用开发和完善。

PostGIS 支持或提供如下功能：

① 支持所有的空间数据类型，如点、线、多边形等，定义了几何要素的空间参考系统，能直接解析常见格式的矢量数据。

② 支持所有的对象表达方法，比如 WKT 和 WKB。

③ 支持所有的数据存取和构造方法，如 GeomFromText( )、AsBinary( )及 GeometryN( )等。

④ 提供简单的空间分析函数(如 Area 和 Length)，同时也提供其他一些具有复杂分析功能的函数，比如 Distance。

⑤ 提供对于元数据的支持和相应的支持函数。

⑥ 提供一系列的二元谓词(如 Contains、Within、Overlaps 和 Touches)，用于检测空间对象之间的空间关系，并返回布尔值。

⑦ 提供空间操作符(如 Union 和 Difference)，用于空间数据操作。比如，Union 操作符融合多边形之间的边界。两个交叠的多边形通过 Union 运算就会形成一个新的多边形，这个新的多边形的边界为两个多边形中最大边界。

5.3 NoSQL 型数据库

NoSQL (non-relational，Not Only SQL)于 2009 年被提出，它仅仅是一个概念，泛指非关系型的数据库，摆脱了传统关系数据库与 ACID 理论的限制，它是大数据技术的核心之一。典型的 NoSQL 数据库有 MongDB、Redis、Memcache、CouchDB 等。

5.3.1 基本概念

5.3.1.1 NoSQL 的特点

NoSQL 没有一个明确的范围和定义，但普遍存在一些共同特征：

① 代表着不仅仅是 SQL。

② 没有声明性查询语言。

③ 没有预定义的模式。

④ 键-值对存储，列存储，文档存储，图形数据库。

⑤ 最终一致性，而非 ACID 属性。

⑥ 灵活的数据模型，非结构化和不可预知的数据。NoSQL 无须事先为要存储的数据建立字段，随时可以存储自定义的数据格式。

⑦ CAP 定理：最多只能同时满足一致性(Consistency)、可用性(Availability)及分区容错性(Partition tolerance)中的两个基本需求。

⑧ 高性能、高可用性和易扩展性。在高性能方面，NoSQL 数据库具有非常好的读写性能。主要例子有 Redis，由于其逻辑简单而且纯内存操作，使得其性能非常出色，单节点每秒可以处理超过 10 万次读写操作。在高可用性方面，NoSQL 在不太影响性能的情况下就可以方便地实现高可用的架构。在易扩展方面，典型例子是 Cassandra，由于其架构类似于

经典的 P2P,所以能通过轻松地添加新的节点来扩展这个集群。

不过,NoSQL 不提供对 SQL 的支持,不支持事务处理。表 5.1 描述了两类数据库的差异。

表 5.1 NoSQL 与 SQL 数据库的对比

	SQL 数据库	NoSQL 数据库
数据存储结构	使用表存储相关的数据	使用类 JSON 格式的文档来存储键-值对信息
数据结构的模式	在使用表之前需要先定义表的模式	存储数据不需要特定的模式
数据规范化	鼓励使用规范化来减少数据的冗余	使用非规范化的标准存储信息,以保证一个文档中包含一个条目的所有信息
JOIN 操作	支持使用 JOIN 操作,使用一条 SQL 语句从多张表中取出相关的数据	不需要使用 JOIN 操作
数据完整性约束	需要满足数据完整性约束规则	允许数据不用通过验证就可以存储到任意的位置
数据一致性	使用事务来保证数据的一致性	保证更新的是单个文档,而不是多个文档
特性	能够大规模地使用	提供卓越的性能和可扩展性
查询操作	使用强大的 SQL 语言进行查询操作	使用 JSON 数据对象进行查询
支持	提供大量的支持,包括专业技能和辅助工具	是一种新型的技术

简单来说,SQL 是精确的,适合那些需求确定且对数据完整性要求严格的项目,如在线商店和银行系统;NoSQL 是多变的,它最适合于具有不确定需求的数据和对速度与可扩展性比较看重的项目,如社交网络、客户管理和网络分析系统。

5.3.1.2 分布式数据库中的 CAP 原理

CAP 是指 Consistency(一致性),数据一致更新,所有数据变动都是同步的;Availability(可用性),好的响应性能;Partition tolerance(分区容错性),系统中任意信息的丢失或失败不会影响系统的继续运作。

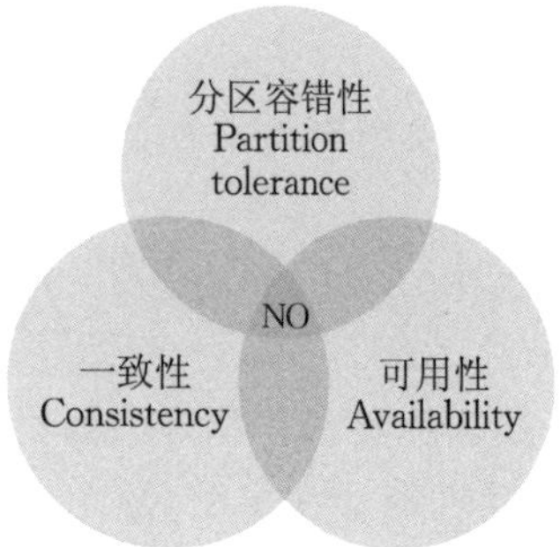

图 5.6 CAP 原理

CAP 定理:任何分布式系统只可同时满足二点,没法三者兼顾(图 5.6)。

根据 CAP 原理,NoSQL 数据库可分为如下三大类[图 5.7(a)]:

① 满足 CA 原则:单点集群,满足一致性、可用性的系统,通常在可扩展性上不太强大,如传统 Oracle 数据库;

② 满足 CP 原则:满足一致性、分区容错性的系统,通常性能不是特别高,如 Redis、MongoDB;

③ 满足 AP 原则:满足可用性、分区容错性的系统,通常可能对一致性要求低一些,这是大多数网站架构的选择,

如 Hadoop 的 DFS。

BASE 是 NoSQL 数据库通常对可用性及一致性的弱要求原则[图 5.7(b)]：

① Basically Available：基本可用；

② Soft-state：软状态/柔性事务，“Soft state”可以理解为“无连接”，而“Hard state”是“面向连接”；

③ Eventual Consistency：最终一致性，也是 ACID 的最终目的。

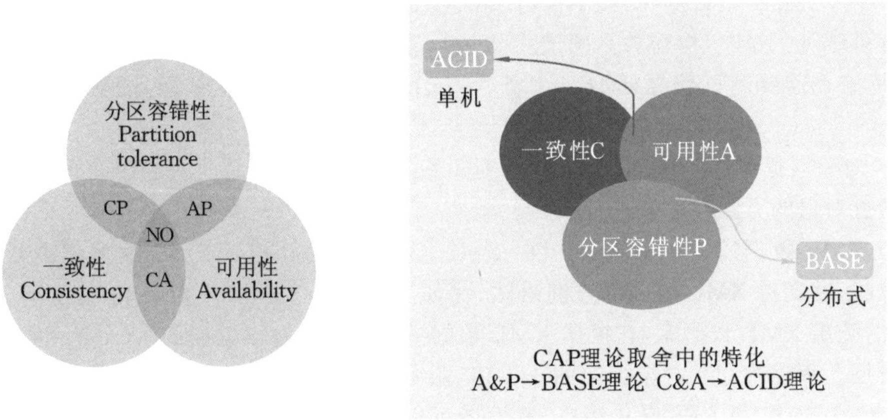

(a) (b)

图 5.7 NoSQL 数据库的三大类和特化

5.3.1.3 NoSQL 数据库分类

(1) 键-值(Key-Value)型数据库，如 Redis、Voldemort、Oracle BDB、Riak、MemcacheDB、Keyspace。Key-Value 模型就是以键-值对形式存储非关系型数据，其优势是简单、易部署，适用于缓存应用。

(2) 列式数据库，如 Cassandra、HBase、Hypertable、C-Store。列式数据库最大的特点是方便存储结构化和半结构化数据，方便数据压缩，对针对某一列或者某儿列数据的查询有非常大的 IO 优势。列式和关系型数据库一样都有主键的概念，区别在于关系型数据库是按照行组织的数据。关系表结构是被人们普遍接受的数据模型，通常一行数据由多个属性组成，每个属性是一列。但是磁盘是一维的。传统数据库通常采用行式存储，即先存一行数据，再存下一行数据。列式存储是先存一列数据，再存下一列数据。例如，三个字段的表格有两行数据 row1={11,12,13}，row2={21,22,23}，则行式存储格式时数据在磁盘上的组织结构是{11,12,13,21,22,23}，而列式的组织结构是{11,21,12,22,13,23}。列式存储的特点：查询时只有指定的列会被读取，不会读取所有列；存储上节约空间，Null 值不会被存储，一列中有时候会有很多重复数据(尤其是枚举数据，如性别、状态等)，这类数据可压缩，行式数据库压缩率通常为 3:1～5:1，列式数据库的压缩率一般为 8:1～30:1；列数据被组织到一起，一次磁盘 IO 可以将一列数据一次性读取到内存中。

(3) 文档型数据库，如 MongoDB、CouchDB、CouchBase、RavenDB、Terrastore、OrientDB、ThruDB、SisoDB、RaptorDB、CloudKit、Perservere、Jackrabbit。文档数据库用来管理文档。

在传统的数据库中，信息被分割成离散的数据段，而在文档数据库中，文档是处理信息的基本单位。一个文档可以很长、很复杂，可以无结构，与字处理文档类似。一个文档相当于关系数据库中的一条记录，它将半结构化数据存储为文档，通常以 JSON 或者 XML 格式进行存储，因此能解决关系型数据库表结构扩展不方便的问题。文档型数据库可以看作是键-值型数据库的升级版，允许之间嵌套键-值对，在处理网页等复杂数据时，文档型数据库比传统键-值型数据库的查询效率更高。国内也有文档型数据库，如 SequoiaDB，已经开源。

（4）图（Graph）型数据库，如 Neo4J、InfoGrid、Infinite Graph。图型数据库存放社交网络、推荐系统等，专注于构建关系图谱。NoSQL 数据库没有标准的查询语言（SQL），因此进行数据库查询需要制订数据模型。许多 NoSQL 数据库都有 REST 式的数据接口或者查询 API。

（5）对象数据库，如 db4o、Versant。对象数据库通过类似面向对象语言的语法操作数据库，通过对象的方式存取数据。

（6）XML 数据库，如 Berkeley DB XML、BaseX、eXist-db。XML 数据库高效地存储 XML 数据，并支持 XML 的内部查询语法，比如 XQuery、Xpath。eXist-db 是使用 XML 技术构建的开源 XML 数据库，它根据 XML 数据模型、功能，基于索引的 XQuery 进程来存储 XML 数据。程序通过 eXist 绑定的 HTTP 服务器与 eXist 交互。eXist 数据库还提供了 SOAP、XML-RPC 和 RESTful 接口，开发者可以通过这些接口向核心服务器提交 XPath、XQuery 和 XUpdate 请求，命令行和 GUI 客户机也是可用的。

（7）搜索型数据库，如 ElasticSearch。传统关系型数据库主要通过索引来达到快速查询的目的，但是在全文搜索的场景下，索引是无能为力的。搜索型 NoSQL 的诞生正是为了解决关系型数据库全文搜索能力较弱的问题。ElasticSearch 是一个分布式、高扩展、高实时的搜索与数据分析引擎。

5.3.1.4 NoSQL 在空间信息方面的应用

目前，NoSQL 在空间数据领域的应用还非常少，一些 NoSQL 厂商不断推出具有空间数据存储、管理和索引的功能模块或插件，如 CouchDB 的 GeoCouch 支持单点、线、面的索引，MongoDB 的 GeoHashing 支持空间索引，Neo4j 的 spatial 支持点、线、面、多点、多线和多面的存储和索引。

5.3.2 MongoDB

MongoDB 是最受欢迎的开源 NoSQL 数据库之一，由 10gen 公司在 2009 年 2 月推出，因其高效的性能和丰富的使用功能在生产中有非常广泛的应用。MongoDB 由 C＋＋语言编写，其设计定位是在具有 key/value 存储方式的高性能和高度扩展性的同时，具备传统的关系数据库管理系统的丰富功能，集两者的优势于一身。

MongoDB 使用数据结构松散的 BSON（Binary JSON）格式面向文档存储数据，使用自动分片（Auto-Sharding）实现海量数据存储，支持全类型索引，使用的查询语言语法类似面向对象查询语言，可以实现类似关系数据库单表查询的绝大部分功能（丰富的查询功能是其相较其他 NoSQL 数据库的突出优点），支持主/从（Master/Slave）和复制集（Replica Set）两种数据复制机制。此外，MongoDB 另一大突出亮点是，其原生的支持地理信息的二维空间索引，使用其内置空间索引 MongoDB 可以支持一些简单空间查询，如某地图网站上可以查找离你最近的咖啡厅、商店、银行等信息。知名应用如美国社交游戏网站 foursquare 使用 MongoDB 存储管理用户信息（包括位置信息）。

MongoDB 是一个介于关系数据库和非关系数据库之间的产品，是非关系数据库当中功能最丰富、最像关系数据库的（图 5.8）。

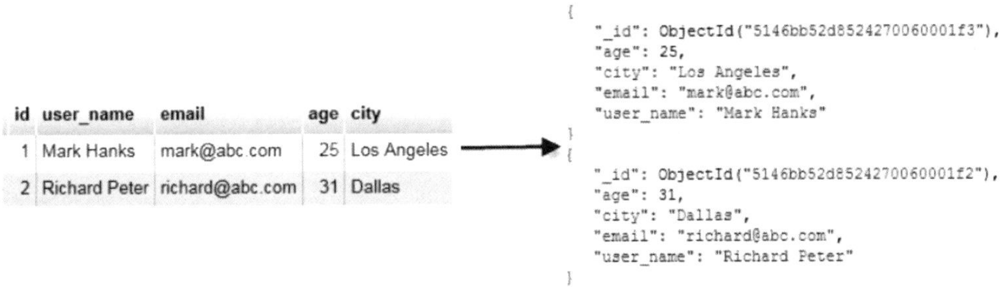

图 5.8　关系数据库与 MongoDB 数据库

一个 MongoDB 实例可以包含一组 DataBase（数据库）；一个数据库可以包含一组 Collection（集合）；一个集合可以包含一组 Document（文档）；一个文档包含一组 field（字段）；每一个字段都是一个 key/value pair。图 5.9 所示为 MongoDB 与 RDBMS 的概念对比。

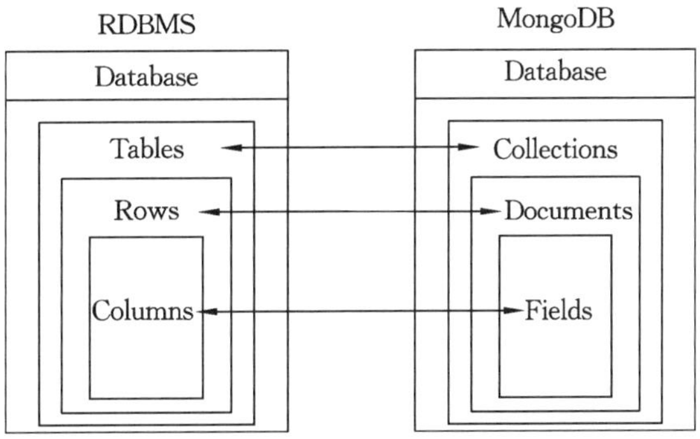

图 5.9　MongoDB 与 RDBMS 的概念对比

（1）文档

文档是 MongoDB 中数据的基本单位，类似于关系数据库中的行（但是比行复杂）。文档类似于 JSON 对象，其数据结构由键-值（key-value）对（即 BSON）组成。多个键及其关联的值有序地放在一起就构成了文档。不同的编程语言对文档的表示方法不同，在 JavaScript 中文档表示为：

{“greeting”:“hello,world”}

这个文档只有一个键“greeting”，对应的值为“hello,world”。多数情况下，文档比这个更复杂，它包含多个键-值对。例如：

{“greeting”:“hello,world”,
“foo”:3}

文档中的键-值对是有序的，下面的文档与上面的文档是完全不同的两个文档：

{“foo”:3,
“greeting”:“hello,world”}

在文档中，key(键)必须为字符串类型，value(值)包含如下类型：

① 基本类型，既可以是双引号中的字符串(string)，也可以是其他的数据类型，如 int、float、timestamp、binary 等；

② 另外一个文档，即文档可以嵌套；

③ 数组类型。

(2) 集合

集合就是一组文档，类似于关系数据库中的表。集合是无模式的，集合中的文档可以是各式各样的。例如，{“hello,word”:“Mike”}和{“foo”:3}，它们的键不同，值的类型也不同，但是它们可以存放在同一个集合中，也就是不同模式的文档都可以放在同一个集合中。

既然集合中可以存放任何类型的文档，那么为什么还需要使用多个集合？这是因为所有文档都放在同一个集合中，无论对于开发者还是管理员，都很难对集合进行管理，而且这种情形下，对集合的查询等操作效率都不高。所以在实际使用中，往往将文档分类存放在不同的集合中。例如，对于网站的日志记录，可以根据日志的级别进行存储，Info 级别日志存放在 Info 集合中，Debug 级别日志存放在 Debug 集合中，这样既方便管理，也提供了查询性能。但是需要注意的是，这种对文档进行划分来分别存储并不是 MongoDB 的强制要求，用户可以灵活选择。

可以使用“.”按照命名空间将集合划分为子集合。例如，对于一个博客系统，可能包括 blog.user 和 blog.article 两个子集合，这样划分只是让组织结构更合理一些，blog 集合和 blog.user、blog.article 没有任何关系。虽然子集合没有任何特殊的地方，但是使用子集合组织数据结构清晰，这也是 MongoDB 推荐的方法。

(3) 数据库

MongoDB 中多个文档组成集合，多个集合组成数据库。一个 MongoDB 实例可以承载多个数据库，它们之间可以看作相互独立的，每个数据库都有独立的控制权限。在磁盘上，不同的数据库存放在不同的文件中。MongoDB 中存在以下系统数据库：

① Admin 数据库：一个权限数据库，如果创建用户的时候将该用户添加到 admin 数据库中，那么该用户就自动继承了所有数据库的权限。

② Local 数据库：这个数据库永远不会被复制，可以用来存储本地单台服务器的任意集合。

③ Config 数据库：当 MongoDB 使用分片模式时，config 数据库在内部使用，用于保存分片的信息。

(4) 适用场景

MongoDB 的主要目标是在键-值对存储方式和传统的 RDBMS 系统之间架起一座桥梁，它集两者的优势于一身。MongoDB 适用于如下场景：

① 网站数据。非常适合实时的插入、更新与查询，并具备网站实时数据存储所需的复制及高度伸缩性。

② 缓存。适合作为信息基础设施的缓存层。在系统重启之后,由它搭建的持久化缓存层可以避免下层的数据源过载。

③ 高伸缩性的场景。非常适合由数十或数百台服务器组成的数据库,它的路线图中已经包含对 MapReduce 引擎(面向大数据并行处理的计算模型、框架和平台)的内置支持。

④ 大尺寸、低价值的数据。

⑤ 用于对象及 JSON 数据的存储。Mongo 的 BSON 数据格式非常适合文档化格式的存储及查询。

同样的,它不适用的场景有:高度事务性的系统,如银行或会计系统;传统的商业智能应用;复杂的跨文档(表)级联查询。

思　考　题

作业 1:开源空间数据库有哪些?

作业 2:商用空间数据库有哪些?

作业 3:如何实现 SQL 和 NoSQL 两类数据库的转换?

作业 4:目前提供空间数据引擎的数据库有哪些?对比分析各自的空间数据引擎。

讨论 1:开源空间数据库与商用空间数据库的共性和差异有哪些?

讨论 2:结合空间数据的特点,讨论空间数据适合关系型存储还是非关系型存储?

思政 1:思政知识图谱如何构建?

6 Web GIS 数据处理

本章主要联系的课程："空间分析"。
空间数据的处理涉及空间数据的分析和统计。

6.1 Web 地理信息混搭

空间数据的共享涉及两个方面：一是浏览、下载、重用，需要负责空间数据的维护；二是在不下载、不改变已有空间数据的情况下而进行的重用，无须负责空间数据的维护。混搭属于后者。

6.1.1 一个实例

Google Map 提供了基础地图查询、地理位置查找、路线查询等功能。在某些情况下，可能需要在 Google Map 中叠加 ArcGIS 发布的地图服务，使用 ArcGIS 地图服务提供的功能。ESRI 公司为了迎合这种需求，开发了 ArcGIS JavaScript Extension for the Google Maps API，通过这个 API 能在 Google Map 中添加 ArcGIS Server 发布的地图服务。

（1）定义数据源

两个 script 元素分别指向 Google Map API 和 ArcGIS Online 中发布的服务，这样就可调用 Google Map 和 ArcGIS 中的对象和方法了，即：

```
<script src="http://maps.google.com/maps? file=api&v=2&key=abcdefg" type="text/javascript"></script>
<script src="http://serverapi.arcgisonline.com/jsapi/gmaps/? v=1.6" type="text/javascript" ></script>
```

（2）定义地图对象

通过用户自定义的 JavaScript 代码，实例化 2 个地图资源：

```
var gmap=new GMap2(document.getElementById("gmap"));
var dynamicMap=new esri.arcgis.gmaps.DynamicMapServiceLayer
(" http://sampleserver1. arcgisonline. com/ArcGIS/rest/services/Demographics/ESRI _ Population _ World/MapServer",
null,0.75,dynmapcallback);
```

（3）实现混搭

通过在 Google 地图上添加覆盖物的方式，实现 Google 地图与 ArcGIS 地图的混搭（图 6.1）：

```
function dynmapcallback(mapservicelayer)
{gmap.addOverlay(mapservicelayer); }
```

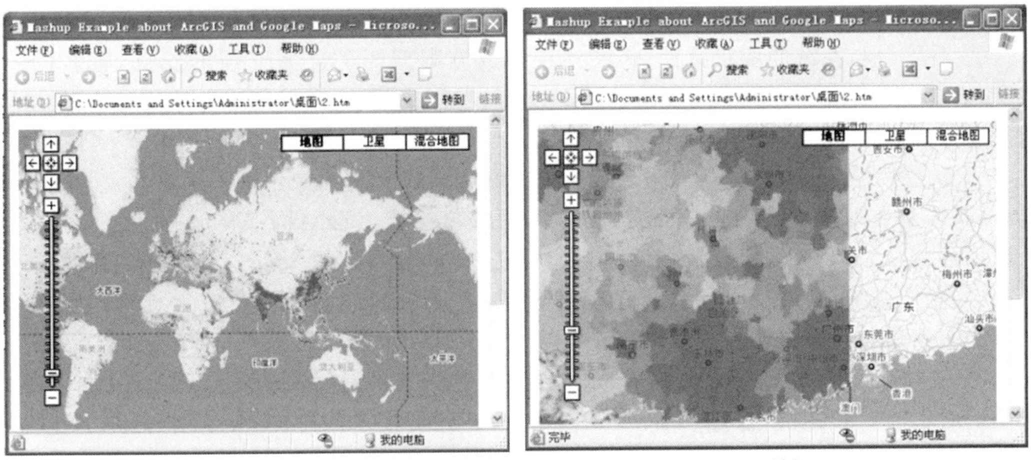

(a) (b)

图 6.1 Google 地图与 ArcGIS 地图混搭

(a) 初始界面;(b) 放大过程

6.1.2 基本概念

“混搭”(Mashup)一词源自于流行音乐将两种不同风格的音乐混合,以产生新的趣味的做法。虽然在古老的 HTML 2.0 版本中早有混搭的概念(一个网页中的文字与图片可以来自不同的网站,一个图文并茂的网页就是一种原始的混搭),但一般还是将混搭视为 Web 2.0 的特性之一。常见的混搭方式除了文字与图片混搭外,通常是借由一组公开的 API 取得其他网站的资料或功能,图 6.2 所示为天地图的影像 API 叠加在 DEM 上的效果图。

图 6.2 庐山地区的 DEM+遥感影像

混搭指整合网络上多个资料来源或功能,以创造新服务的网络应用程序。混搭是当今网络上新出现的一种网络现象,它将两种以上使用公共或者私有数据库的 Web 应用加在一起,形成一个整合应用。

随着信息技术的快速发展,集成信息越来越得到重视,如企业信息化、EAI(企业应用集成)等。在集成信息方面,采用传统的系统集成方案和基于 Web 2.0 的 Mashup 技术之间具有很多的不同：

① 对平台与系统的要求方面：传统系统集成方案需要平台 API 层的支持，如 J2EE 平台和.NET 平台，集成过程十分复杂；Mashup 可以轻松地聚合和重组来自不同地方的内容，包括服务和数据，进行业务敏捷开发，快速满足它们因情景而不断变化的需求。

② 新特性的支持与功能扩展方面：传统系统集成方案需要采用编程的方式完成系统功能扩展，涉及表现层、业务逻辑层和数据存储层等三层或多层结构；Mashup 直接使用基于松散耦合的 Web 服务创建新的特性与功能。其中，XML 解决了将形态各异的数据结构、程序接口、操作系统、硬件平台有效结合在一起；Web 服务供应商提供免费工具箱，能够让开发者快速创建和部署自己的 Web 服务。

③ 表现层支持方面：传统系统集成方案的表现层大多采用图形用户界面 GUI，当客户端发送请求时，需要加载整个页面；Mashup 使用 Ajax 技术调用 Web 应用程序，浏览器客户端不需要在每次与服务器通信时都重新加载整个页面，动态性强。

④ 底层集成技术支持方面：传统系统集成方案使用多层企业应用集成技术，涉及不同的集成层次，如业务过程集成、应用集成和数据集成；Mashup 采用 SOA（面向服务架构）思想集成底层系统，强调功能的暴露与服务的组合，以 Web 服务形式包装并暴露统一格式的接口和现有系统的能力，这样的集成系统具有模块化、松耦合的特点，并且可扩展性较好。

⑤ 进行内容聚合的物理位置方面：传统系统集成方案的内容聚合通常在服务器端；而 Mashup 通常选择在客户端进行内容聚合，且数据能够缓存在客户端，从而具有响应速度更快且数据往返于服务器次数更少的优点。

总体来说，Mashup 是一种集成方案，与传统资源集成方案不同，Mashup 提供了一种基于 Web 的轻量级的内容集成方法，而且由于组成 Mashup 的服务和应用本来就是面向最终用户的，所以用户不需要很强的编程能力也可以根据需要组装出自己的 Mashup 应用程序。

6.1.3 混搭技术

6.1.3.1 系统构架

信息服务 Mashup 的产生是受用户交互及第三方资源集成发展的影响，资源和 API 的开放是其产生的前提，所以一个 Mashup 应用是一个三元模型，即包括 API/内容提供者、Mashup 服务器和 Mashup 应用者。

① API/内容提供者负责提供 Mashup 集成的信息内容。

② Mashup 服务器负责 Mashup 组件的注册、发布、服务代理等功能，同时支持第三方组件调用。Mashup 组件在服务器上发布后，其他应用系统才能开放调用。

③ Mashup 应用者选择相关资源将其融合到自己的门户或其他应用系统中，并通过客户端浏览器以图形化的方式呈现出 Mashup 应用结果。

在 Mashup 三元模型的基础上，创建一个 Mashup 应用的基本流程如下：

① Mashup 站点的服务程序和 API/内容提供者都通过向注册中心发布并注册，使服务请求者（客户机 Web 浏览器）可以通过查找得到该服务路径；

② Web 浏览器查找到服务路径后，向 Mashup 服务站点和 API/内容提供者发出请求，若得到回应则与所请求服务绑定并调用。

6.1.3.2　融汇模式

当 Mashup 服务器获取了所需要的资源，并封装成标准的组件接口之后，Mashup 的应用者就可以选择相应的组件完成融汇。从融汇模式上来讲，包括服务器端融合和浏览器端融合。融汇的时候，应用者可以选择某一种 Mashup 工具创建一个具体的应用，如 Google Mashup Editor、Intel Mash Maker。

服务器端融合是指 Mashup 服务器通过 SOAP 或者 REST 等协议向外部的 API/内容提供者发送请求，API/内容提供者返回一个 SOAP 或者 XML 响应给 Mashup 服务器，Mashup 服务器融合这些响应，按照合理的方式组合各种数据与服务，最终把融合的结果发送回浏览器[图 6.3(a)]。在这种模式下，由于 Mashup 服务器承担了所有的融合任务，所以对客户端浏览器的要求并不高，开发人员不用考虑浏览器兼容的问题。缺点在于当访问量增加时，Mashup 服务器的工作量会大大增大，而且由于服务器做了所有的融合工作，对于用户来说，可扩展性降低。

浏览器端融合是指 Web 浏览器通过 Ajax 与 Mashup 通信，Mashup 服务器充当代理的角色，负责转发客户端的请求，真正的融合发生在浏览器端[图 6.3(b)]。在浏览器端进行融合，浏览器做了大部分工作，Mashup 服务器的负载减小了，因此 Mashup 服务器就可以处理更多的页面。

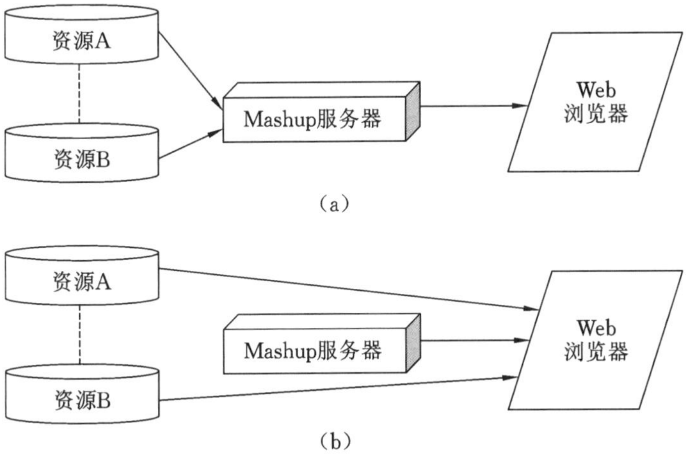

图 6.3　Mashup 服务器端和浏览器端的融合模式

(a) 服务器端融合；(b) 浏览器端融合

6.1.3.3　Mashup 资源获取技术

(1) Web Feed 方式

在 Mashup 中，有大量关于内容的集成，是以 RSS 为代表的简单内容联合，使得应用程序开发人员不用花费时间开发自己的文件格式、传输协议和软件来实现内容的联合，只需使用 RSS 即可。这些联合技术对于集成基于事件或更新驱动内容的 Mashup 来说非常有用。

RSS 与 Mashup 的区别在于，RSS 提供了可供聚合的源，Mashup 实现聚合。

(2) 公共接口 API 方式

这种 Mashup 资源获取技术是指内容提供者发布自己的公共接口 API，Mashup 服务器通过 SOAP 或者 XML-RPC 协议与内容提供者进行请求与响应的通信，把数据传递到 Mashup 服务器端。API 需要用户传递相关的参数，返回用户的内容取决于这个参数。

由于调用 API 需要通过 SOAP 协议，而这一协议要求调用者熟悉服务描述与发现机制（WSDL、UDDI），所以比较适合用户已知、共用一个数据模型的闭合应用环境中。SOAP 接口过于复杂，对接口方法、调用顺序、参数类型等有一定约束，不能完全适应 Mashup 开放的、分布式的、可伸缩的 Web 需求。

(3) REST 协议方式

针对使用 API 调用资源的复杂性问题，一种新的资源获取方式正在逐渐兴起。它不需要内容提供者提供自己的公共接口 API，服务请求者（Mashup 服务器或者是客户端浏览器）只需要了解 REST 协议，就可以访问内容提供者的资源。

(4) 屏幕抓取（Screen Scraping ）方式

大部分公共领域的数据是没有提供 API 的，Mashup 创建者所需要的内容或资源可能需要直接从网上获取，这就需要用到屏幕抓取方式。屏幕抓取方式适用范围广，但有其内在的缺点：

① 与使用接口的 API 不同，抓取操作没有建立在内容提供者和内容消费者之间的合作机制上，抓取者独自根据一个源内容模型设计抓取工具，并且希望提供者一直采用这种模型来呈现内容。由于内容提供者会周期性地更新外观以保持新颖和时髦，又不会事先通知抓取者，抓取工具很可能会失效，给抓取者带来新的维护任务。

② 缺少成熟的可重用屏幕抓取工具包软件。由于屏幕信息内容及其结构不太适合机器自动处理，每种抓取工具通常都针对特定资源内容和应用需求，因此编辑公共可重用的屏幕抓取工具有很大难度。

6.2 Web 地理信息聚合

随着互联网的蓬勃发展，网络信息资源以指数方式增长，为解决网络信息资源的有序组织、有效传播的问题，许多元数据格式也就随之产生：DC（Dublin Core，都柏林元数据）元数据简单易用，已被广泛应用，成为其他元数据格式的基础；而在 Web 2.0 理念中，基于 XML 的内容聚合元数据 RSS 规范和 ATOM 规范目前广泛用于网络新闻、博客等网络信息的组织和传播，成为 Web 2.0 中不可缺少的要素。目前，RSS 和 ATOM 是两种主要的内容聚合元数据。

6.2.1 RSS 及其 ATOM

RSS 是一种描述和同步网站内容的格式，是目前使用最广泛的资源共享应用。RSS 是互联网上用于共享信息的一种元数据，通常用于共享新闻的梗概和新闻文章的链接（当然共享的内容不仅限于新闻）。实际应用中，被共享的信息未必是实际共享的，但关于信息的相关描述（即元数据）通常是共享的，这些相关描述通常包括信息的标题、摘要、提供者信息及信息所在的 URL 信息。

6.2.1.1 RSS

RSS 是“Rich Site Summary”“RDF (Resource Description Framework) Site Summary”或“Really Simple Syndication”的英文首字母缩写,中文称作“简易信息聚合”。RSS 是一种基于 XML 标准,在互联网上被广泛采用的内容包装和投递协议。

信息提供者首先提供 RSS 文件(RSS Feed),并为 RSS Feed 分配一个 URL;浏览者有选择性地订阅自己需要的 RSS Feed,通过 RSS 阅读器或者 RSS 聚合门户接收 RSS Feed 信息,然后根据自己需要的内容,通过其提供的链接获取目标页面。下面是一个 RSS 的实例:

```
<?xml version="1.0" encoding="ISO-8859-1" ?>
<rss version="2.0">
<channel>
  <title> W3School Home Page</title>
  <link> http://www.w3school.com.cn</link>
  <description> Free web building tutorials</description>
  <item>
    <title> RSS Tutorial</title>
    <link> http://www.w3school.com.cn/rss</link>
    <description> New RSS tutorial on W3School</description>
  </item>
  <item>
    <title> XML Tutorial</title>
    <link> http://www.w3school.com.cn/xml</link>
    <description> New XML tutorial on W3School</description>
  </item>
</channel>
</rss>
```

文档中的第一行:XML 声明,定义了文档中使用的 XML 版本和字符编码。此实例遵守 1.0 规范,并使用 ISO-8859-1 字符集。

下一行标识此文档是一个 RSS 文档的 RSS 声明(此实例是 RSS version 2.0)。

下一行含有<channel>元素,用于描述 RSS feed,含三个必需子元素:

① <title>:定义频道的标题(比如 w3school 首页)。

② <link>:定义到达频道的超链接(比如 www.w3school.com.cn)。

③ <description>:描述此频道(比如免费的网站建设教程)。

每个<channel>元素可拥有一个或多个<item>元素。

每个<item>元素可定义 RSS feed 中的一篇文章或“story”。

<item>元素拥有三个必需的子元素:

① <title>:定义项目的标题(比如 RSS 教程)。

② <link>:定义到达项目的超链接(比如 http://www.w3school.com.cn/rss)。

③ <description>:描述此项目(比如 w3school 的 RSS 教程)。

最后，后面的两行关闭<channel>和<rss>元素。

6.2.1.2 Atom

Atom 是一对彼此相关的标准。Atom 供稿格式(Atom Syndication Format)是用于网站消息来源，基于 XML 的文档格式；而 Atom 出版协定(Atom Publishing Protocol，简称 AtomPub 或 APP)是用于新增及修改网络资源，基于 HTTP 的协议。Atom 供稿格式设计作为 RSS 的替代品，而 Atom 出版协定用来取代现有的多种发布方式(如 Blogger API 和 LiveJournal XML-RPC Client/Server Protocol)。下面是一个简单的 Atom 文档：

```
<?xml version="1.0" encoding="utf-8"?>
<feed xmlns="http://www.w3.org/2005/Atom">
    <title>Example Feed</title>
    <subtitle>A subtitle.</subtitle>
    <link href="http://example.org/feed/" rel="self" />
    <link href="http://example.org/" />
    <id>urn:uuid:60a76c80-d399-11d9-b91C-0003939e0af6</id>
    <updated>2003-12-13T18:30:02Z</updated>
    <author>
        <name>John Doe</name>
        <email>johndoe@example.com</email>
    </author>
    <entry>
        <title>Atom-Powered Robots Run Amok</title>
        <link href="http://example.org/2003/12/13/atom03" />
        <link rel="alternate" type="text/html" href="http://example.org/
2003/12/13/atom03.html"/>
        <link rel="edit" href="http://example.org/2003/12/13/atom03/edit"/>
        <id>urn:uuid:1225c695-cfb8-4ebb-aaaa-80da344efa6a</id>
        <updated>2003-12-13T18:30:02Z</updated>
        <summary>Some text.</summary>
    </entry>
</feed>
```

6.2.1.3 网络信息查找

网络信息查找经历了传统 Web 网络浏览、网络搜索引擎查找、RSS 订阅三种模式。

传统的 Web 网络浏览方式(图 6.4)，浏览者需要打开多个浏览器窗口才能进入不同的门户网站，然后才能从这些站点寻找感兴趣的标题，点击相应的链接才能看到需要的目标信息。

由于网络信息量趋于海量增长，使得使用传统 Web 网络浏览查找信息越来越难，这时网络搜索引擎的出现极大缓解了这种现象，它使用关键字或是分类查找到一系列相关的信息，然后浏览各个信息，从而在其中找到所需信息。但由于信息总量过大或是搜索引擎算法问题，使用者要耗费相当大的时间和精力从一系列相似的信息中去查找自己需要的信息。以上两种信息查找模式从本质上看还是一种“找”的模式。

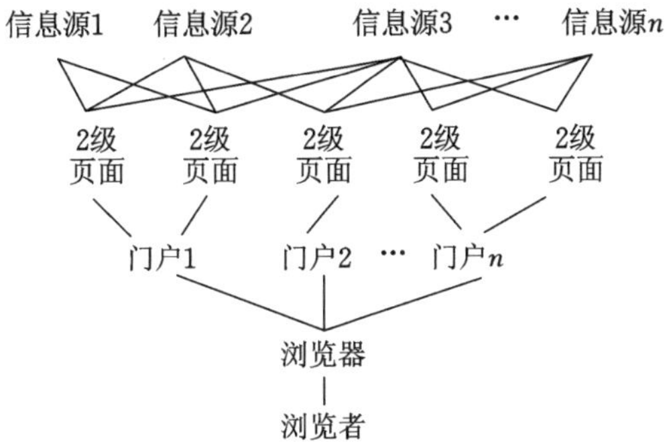

图 6.4　传统 Web 浏览方式

RSS 的出现从本质上改变了网络信息的查找,它使用了一种“找”与“推”结合的方式。RSS 订阅 Web 信息(图 6.5),用户可在 RSS 聚合站点或者在 RSS 阅读器中有针对性地订阅自己感兴趣的信息源。

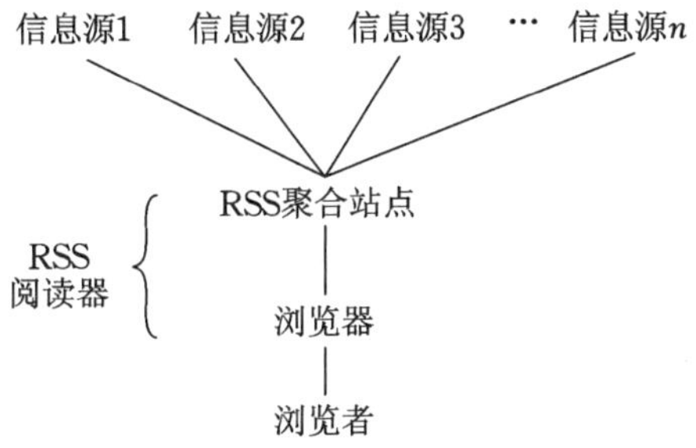

图 6.5　基于 RSS 订阅的浏览方式

6.2.1.4　联合(Syndication)和聚合(Aggregation)

RSS/ATOM 的内容聚合的基本原理(图 6.6):网页、新闻、博客等的网上信息资源通过 RSS/ATOM 的内容聚合元数据来描述其内容属性及其他属性,描述得到的数据通过 Feed (种子)的形式进行发布。网站可以通过收集多个 Feed,把内容相关但来源不同的网上信息资源有效聚合并发布出来;用户可以通过安装 RSS/ATOM 内容聚合阅读器,订阅感兴趣的频道内容。

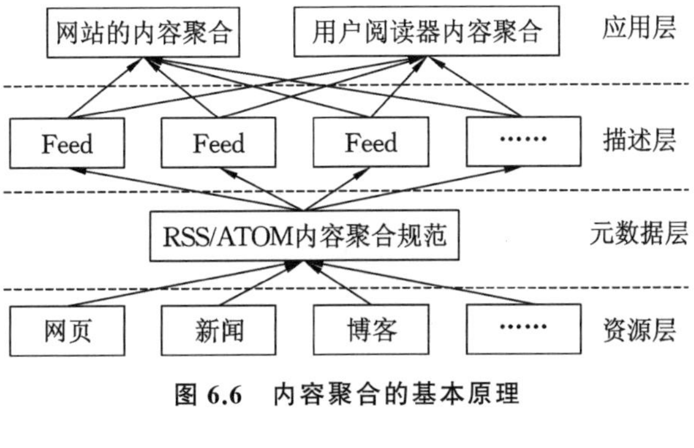

图 6.6　内容聚合的基本原理

所谓 RSS 聚合，就是通过软件工具从网络上搜集各种 RSS Feed，并在一个界面中提供给读者进行阅读。这些软件工具既可以是在线的 Web 工具，也可以是以上提到的客户端工具。

6.2.2 GeoRSS 聚合技术

GeoRSS 是 RSS 在地理信息领域的扩展，是一个地理对象聚合事实上的标准，是对包含地理位置的网络信息进行聚合。

6.2.2.1 概述

RSS 是一种非常适合内容传播的格式，却不具备空间信息。GeoRSS 是基于 RSS 聚合应用的位置编码的实现方式，是 RSS 的一个扩展模块。它描述了一种互操作的方式，使得应用程序能请求、聚合、分享和定位带有地理标签的种子，有助于将 RSS feed 立即分发到基于事件类型和位置的特定用户。GeoRSS 具有可扩展性，可应用到任何 RSS 格式中，包括 Atom 1.0、RSS 2.0 和 RSS 1.0；GeoRSS 具有空间描述性信息和简单内容描述性信息，能满足绝大多数网络上内容定位描述的需求。

GeoRSS 的最大优点是空间搜索与空间聚合，是 Web 2.0 GIS 的基本分析功能之一。与 RSS 相比，GeoRSS 在进行信息过滤、聚合时，除了能够根据城市名称、邮政编码等文字信息进行过滤聚合以外，更能够进行各种各样的空间上的过滤和聚合。例如，利用 GeoRSS 聚合技术能够将指定位置附近 20 km 以内的受地震影响的相关信息直接发送到手机上。

6.2.2.2 编码方式

GeoRSS 的编码方式主要有 GeoRSS Simple 和 GeoRSS GML。

(1) GeoRSS Simple

GeoRSS Simple 规则的设计思想是在表现和概念上最大限度地精简。正因如此，GeoRSS Simple 不能和 GML 直接兼容，但可以通过 GML 模型很方便地进行转换。下面是一个 GeoRSS Simple 实例：

```
<georss:point> 45.256 - 71.92</georss:point>
```

(2) GeoRSS GML

GeoRSS GML 是一个正式的 GML 应用方案，其比 GeoRSS Simple 支持的范围更大，特别是它的参考坐标系统不仅仅局限于 WGS 84。使用 GeoRSS GML 时要引用 georss 和 gml 的命名空间，包含位置的信息都放在<georss:where>标签里。下面是一个 GeoRSS 格式实例：

```
<georss:where>
    <gml:Point>
        <gml:pos> 45.256 - 71.92</gml:pos>
    </gml:Point>
</georss:where>
```

6.2.2.3 一个简单的 GeoRSS 应用实例

```
<? xml version= "1.0" encoding= "UTF- 8" ? >
<rss version= "2.0" xmlns:geo= "http://www.w3.org/2003/01/geo/wgs84_pos#">
<channel>
  <title>北京景点</title>
  <link> https://ditu.amap.com/</link>
  <description>北京景点地标</description>
  <item>
  <title>    <! [CDATA[故宫]]>     </title>
  <description />
    <geo:lat> 39.917</geo:lat>
    <geo:long> 116.397</geo:long>
  </item>
  </channel>
</rss>
```

上述代码对应的叠加地图如图 6.7 所示。

(a)

(b)

图 6.7 GeoRSS 叠加层

(a) 覆盖前;(b) 覆盖后

6.3 开源 GIS 类库与软件

6.3.1 开源软件的许可证

(1) 知识产权

知识产权制度通过合理确定人们对于知识及其他信息的权利，调整人们在创造、运用知识和信息过程中产生的利益关系，激励创新，推动经济发展和社会进步。当今世界，随着知识经济和经济全球化深入发展，知识产权日益成为国家发展的战略性资源和国际竞争力的核心要素，成为建设创新型国家的重要支撑和掌握发展主动权的关键。发达国家以创新为主要动力推动经济发展，充分利用知识产权制度维护其竞争优势；发展中国家积极采取适应国情的知识产权政策措施，促进自身发展。

(2) 开源软件

在全球范围内，开源软件(open source software)得到了越来越广泛的应用，互联网、IT、金融无不涉及。据国家互联网应急中心实验室数据统计，超过 80%的商业专有软件(proprietary software)使用开源软件或开源组件。网站监测服务提供商 Pingdom 统计的世界排名前 10000 的网站中，有 74.6%使用的是开源的 Web 服务器，这一数字仍在逐年递增。

开源软件安全性问题近年呈井喷式爆发，包含多起严重的安全漏洞事件，打破了传统观念中的“开源＝安全”的概念。2014 年爆发“心血漏洞”，我国大概有 3 万台服务器受影响，全球大约 4000 万台服务器受影响。2016 年再爆“水牢漏洞”，全球约 400 万台服务器受影响。据不完全统计，仍有约 10%的应用在使用包含漏洞的版本。

(3) 开源许可证

平时所说的开源，大多是指开源软件，有时也会指内容开放的文档。开源软件并非完全没有限制，最基本的限制，就是开源软件强迫任何使用和修改该软件的人承认发起人的著作权和所有参与人的贡献。任何人拥有可以自由复制、修改、使用这些源代码的权利，不得设置针对任何人或团体的限制，不得限制开源软件的商业使用等。而许可证就是这样一个保证这些限制的法律文件。

开源许可证是对商业应用友好的许可。使用者也可以在需要的时候修改代码来满足自己的需求，并作为开源或商业产品发布/销售。开源许可证是一种具有法律性质的合同，目的在于规范受著作权保护的软件的使用或者分发行为。开源软件的许可证比较繁多和复杂，有 GPL、BSD(Berkly Software Distribution)、MIT、Mozilla、Apache、LGPL，其区别详见图 6.8。常见的有 GPL 和 BSD 两种。简单来说，GPL 许可证具有相当强的传染性，如果想要把一份采用 GPL 许可证的代码经过修改后再次发布二进制版本，那么同时也必须再次开放其源代码。而 BSD 许可证则相对宽松许多，它允许对源代码修改后再次发布时仅包含许可证而不必再次开放源代码，且可以将修改后的版本作为专有商业用途(如微软的产品中引入了 BSD 网络部分的源码，修改后则作为专有软件出售)。

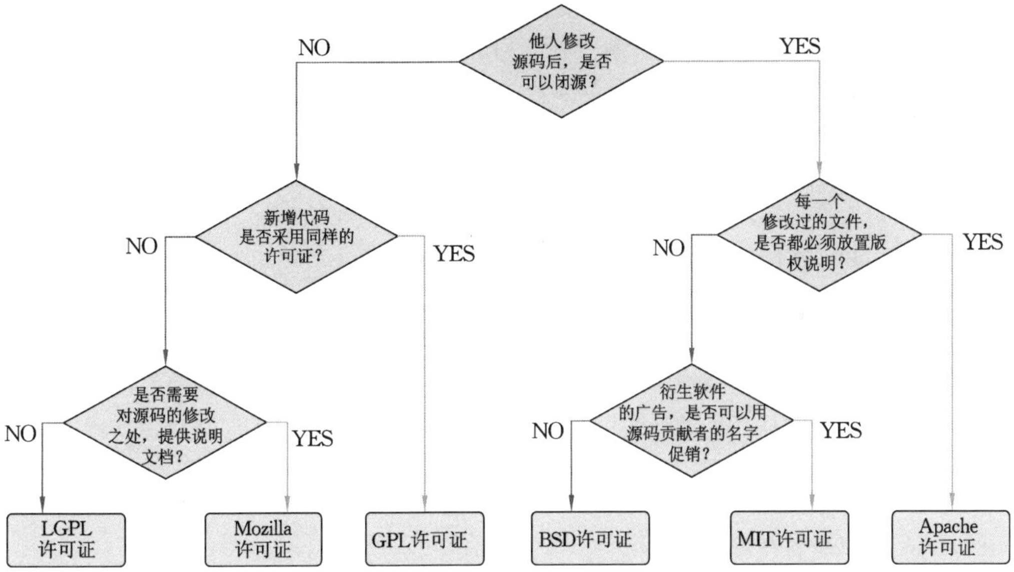

图 6.8 开源许可证 GPL、BSD、MIT、Mozilla、Apache 和 LGPL 的区别

6.3.2 开源几何函数库

开源的几何函数库，在功能上既有相似的，它们构成了同一功能的种群；也有不同的，不同的种群构成了几何数据处理的群落。

6.3.2.1 开源几何函数库类型

根据功能不同，开源几何函数库可以分为数学基础变换、数据转换、图形拼接与裁剪、拓扑生成和空间数据处理等。每一种功能的不同软件个体属于同一种群，个体之间存在适用范围(生态位)重叠而带来的竞争，但又不完全共位。例如，pyshp 用于处理 shapfile 的简单函数库，GML4J 用于读取 gml 数据的函数库。竞争使得不同个体的生态位朝着减少重叠的方向发展，终极目标是互利共生，而不是一方取代另一方。也有的个体处于不同的种群中，如开源地理空间数据引擎 GEOS 同时出现在数据转换、拓扑生成种群中。

(1) 数学基础变换

地理空间数学基础是对在不规则地球表面上分布的某一地理要素进行统一和严格空间定位和定向的体系或框架，是多源空间数据进行量算、转换和空间分析的基准，涉及地球空间参考、空间数据投影、空间尺度及地理格网。

PROJ.4，地图投影库；

NumPy，用于矩阵科学计算的函数库。

(2) 数据转换

GDAL/OGR，开源栅格/矢量空间数据转换库；

GEOS，开源地理空间数据引擎；

Fiona，基于 GDAL，用于读取空间矢量数据的函数库；

Rasterio，基于 GDAL 和 Numpy，用于读取地理空间栅格数据的函数库；

Pyshp，用于处理 shapfile 的简单函数库；

Shapely，基于 GEOS 操作和分析平面几何对象的函数库；

GML4J，用于读取 gml 数据的函数库；

osgEarth，坐标转换进一步调用了 GDAL 接口，使用更加方便。

（3）图形拼接与裁剪

PIL，用于处理影像的 Python 库；

Scikit-image，基于 scipy 的一款图像处理 Python 库；

SPy，用于高光谱遥感影像处理的 Python 库；

Orfeo Toolbox（OTB），用于高分辨率的远程传感图像处理库；

OSSIM（Open Source Software Image Map），开源地理空间图像处理库；

OpenCV，开源的计算机视觉库；

InterImage，影像解译；

PolSARPro，雷达处理；

E-foto，航空摄影测量。

（4）拓扑生成

GEOS，开源地理空间数据引擎；

JTS（Java Topology Suite），拓扑运算函数库；

此外，用于 GIS 软件开发与使用的开放框架有 GeOxygene。

（5）空间数据处理

GeoPandas，用于空间分析的函数库；

GSLIB，用于空间统计的函数库；

GeoTools，遵循 OGC 规范的地理处理接口；

Turf.js，JavaScript 空间分析库。

6.3.2.2 关键函数库功能

GDAL/OGR、PROJ.4、GEOS 是 GIS 软件开发的三驾马车，搭建了地理信息软件的基础。

（1）GDAL/OGR

GDAL（Geospatial Data Abstraction Library）是一个开源栅格空间数据读取/转换库。OGR 项目是 GDAL 的一个分支，功能与 GDAL 类似，但其提供对矢量数据的支持。很多著名的 GIS 类产品都使用 GDAL/OGR 库，包括 ESRI 的 ArgGIS 9.2，Google Earth 和跨平台的 GRASS GIS 系统。GDAL 提供对多种栅格数据的支持，包括 Arc/Info ASCII Grid（asc）、GeoTiff（tiff）、Erdas Imagine Images（img）、ASCII DEM（dem）等格式。GDAL 使用抽象数据模型来解析它所支持的数据格式，抽象数据模型包括数据集、坐标系统、仿射地理坐标转换（Affine GeoTransform）、大地控制点（GCPs）、元数据（Metadata）、栅格波段（Raster Band）、颜色表（Color Table）、子数据集域、图像结构域、XML 域。

OGR 是 GDAL 库的一部分，是开源 C++的一个简单要素库，带有命令行工具，提供对矢量数据格式的读写支持。这样的格式包括：ESRI Shapefiles、S-57、SDTS、PostGIS、Oracle Spatial、Mapinfo mid/mif、Mapinfo TAB、GeoJSON、GeoRSS、GML、KML、SVG 等。

其中,org2ogr 是 OGR 模块中提供的一个重要工具,用于不同数据源之间的格式转换。

(2) GEOS

GEOS(Geometry Engine,Open Source)基于九交模型,提供了 OGC 规范中简单几何要素对象操作的 C++语言的实现。这包括空间谓词(如相关、接触、脱节、交叉、在内、包含、重叠、相等、覆盖)与空间操作(如 Union、Distance、Intersection、Symmetric Difference、Convex Hull、Envelope、Buffer、Simplify、Polygon Assembly、Valid、Area、Length)。空间谓词是比较两个空间对象并返回一个布尔变量值作为结果,它表明了存在于两个空间对象之间特殊的关系。空间操作则主要是对两个几何对象进行计算并且返回一个新的几何实体。GEOS 类库被各类开源空间信息软件项目广泛应用。

6.3.2.3 其他函数库功能

(1) JTS

JTS 是一个用 Java 语言描述的几何拓扑套件,遵循 OpenGIS 的 Simple Feature Specification,封装了 2D 几何类型和很多空间分析操作,且包含不少常见的计算几何算法实现。JTS 被广泛地应用在开源 GIS 软件中,作为 GeoTools 的底层库及基于 GeoTools 的 GeoServer 和 uDig 的底层库。JTS Geometry 空间分析方法的几何图形操作包在 operation 包内,涉及 buffer、distance、linemerge、overlap、polygonize、predicate、relate、valide 八个子包,分别对应缓冲区、距离测量、线段融合、图形覆盖、多边形化、断言、关联、有效性等操作。所有的操作针对的都是在 geom 包中定义的 Geometry 对象。

(2) Turf.js

Turf.js 由 Mapbox 提供,实现了常用的空间分析操作,如生成缓冲区、计算等高线、建立 TIN 等。以往只属于桌面 GIS 的分析功能,现在已经可以在浏览器中使用。Turf 使用 JavaScript 编写,通过 NPM 进行包管理。良好的模块化设计使得 Turf 不仅可用于浏览器端,还可以通过 Node.js 在服务器端使用。

Turf 可以非常方便地集成到 Leaflet.js 地图控件中,Mapbox 也为其提供了相应的 Mapbox.js 插件。Turf 原生支持 GeoJSON 矢量数据。GeoJSON 的优点是结构简单,并且得到了所有网页地图 API 的支持;但 GeoJSON 不支持空间索引,这个缺点可能会限制 Turf 处理大型文件的效率。

6.3.3 开源 GIS 软件

数据生产的开源桌面软件是一个种群,由一些功能相似的软件个体组成,包括 QGIS、gvSIG、Whitebox GAT、SAGA GIS、GRASS、MapWindow、ILWIS、GeoDa、uDig、OpenJUMP、Diva GIS、FalconView、OpenEV、OrbisGIS、OpenStreetMap 等。每个个体通过互联网的连接能处理空间数据,或提供空间数据处理的服务。

(1) QGIS(原称 Quantum GIS),作为桌面 GIS 软件,诞生于 2002 年 5 月,可以满足大部分 GIS 需求,包括数据的显示、编辑、处理和分析功能,可以自动生成地图。

(2) gvSIG 是一个跨平台的桌面 GIS 软件,于 2004 年在西班牙成为开源 GIS 软件,稳定版本是 2.0。它不仅能够访问本地的矢量数据或者栅格数据,而且也能够通过支持 OGC 规范的远程服务器访问该类数据。它支持 WMS、WFS、WCS、目录服务及地名辞典服务等一系列地理信息网络服务规范，这是 gvSIG 与其他地理信息系统的最大区别。gvSIG 是开源 GIS 中最好的 3D 可视化软件。gvSIG Mobile 带来了手机 GIS 应用，适合现场作业。gvSIG 能够支持以下数据格式：矢量格式（Shapefile、DXF、DGN、DWG）、栅格格式（ECW、MrSID、JPEG、jp2、TIFF、geoTIFF、PNG、GIF）和基于 XML 的格式（KML、GML）。

(3) Whitebox GAT (Geospatial Analysis Tools)是一个地理空间分析工具箱的桌面 GIS 软件，自 2009 年以来一直存在。它主要是将桌面 GIS 和遥感软件包综合起来进行地理空间分析和数据可视化应用。它被认为是替代的地形分析系统（TAS），旨在提供先进的地理空间数据分析。它提供了 410 多种工具，用来转换、剪切、分析、缓冲和提取地理空间信息。

(4) SAGA (System for Automated Geoscientific Analyses) GIS 是免费 GIS 软件的经典之作。它主要进行地形分析、流域提取和可见性分析，尤其是地形分析；它也可以在环境建模和形态测量方面进行地形湿度指数和地形位置分类等应用。SAGA GIS 的强大还在于它使用多个窗口列出用户所有的分析（地图、直方图、散点图、属性等），提供了一个友好的 GUI 和 API。

(5) GRASS(Geographic Resources Analysis Support System)是开源代码的地理资源分析支持系统，可用于处理栅格、拓扑矢量、影像和图表数据。其优势在于选择分析、图像处理、数字地形操作和地理统计分析。GRASS 最早用于土地管理和环境规划，可以在多个平台上运行，包括 Mac OS X、Windows 和 Linux。用户可以通过图形用户界面使用该软件功能，也可以通过改进直接使用它的模块。当前的 GRASS 6 版本采用新的拓扑 2D/3D 矢量引擎并支持矢量网络分析。该系统可以胜任 3D 矢量图形数据和立体像素的可视化，也支持线性参考系统。

(6) MapWindow 于 2000 年作为一款专业的 GIS 软件推出了，源代码已向公众发布。MapWindow 是一个包含了兼容微软视窗的桌面 GIS 软件，它的 90％的用户关注其地图查看器、识别特性、处理工具和打印等特性。它能够查看 shapefile 和多种栅格数据格式。该系统已被美国环境保护署（U.S.Environmental Protection Agency）作为流域分析建模软件（集点源和非点源于一体的较好的评价科学）的主要 GIS 平台。

(7) ILWIS (Integrated Land and Water Information System)是一个土地和水资源综合信息管理的开源 GIS 软件，主要面向生物学家、水资源管理者和地理空间管理者。它擅长数字化、编辑、显示地理数据和生成地图，也用于遥感图像分类、增强和光谱波段操作，是一种用于矢量和栅格处理的地理信息系统和遥感软件。ILWIS 有非常强大的栅格分析模块，高精密和灵活的向量和点数字化模块，集合多种非常实用的工具。在许多方面与 GRASS GIS 类似，ILWIS 目前只能在微软的 Windows 下使用。

(8) GeoDa 可以进行空间数据分析（如多元探索性数据分析）、地理可视化、空间自相关（全局和局部空间自相关分析）和空间建模（最大似然估计的空间滞后模型和空间误差模型）。它的应用范围涉及经济发展、医疗健康和房地产等领域。

(9) uDig(用户友好型桌面 Internet GIS)，由 Refractions 开发，具备复杂的分析能力。其中，u 代表 user-friendly 界面；D 代表桌面（Windows、Mac 或 Linux）；i 代表面向互联网的服务标准（WMS、WFS、WPS）；g 代表 GIS。Refractions 不仅是 uDig 的开发者和维护者，而且还是标准的开源空间数据库 PostGIS 的开发者和维护者。uDig 是一款开源桌面 GIS 软件，基于 Java 和 Eclipse 平台，可以使用 GRASS 复杂的矢量运算，通常为其他 GIS 平台和应用的构建提供框架。

(10) OpenJUMP 是一套桌面 GIS 应用程序，是基于 Java 开发的，用于浏览和编辑矢量数据，它同时具备一定的栅格数据支持。它可以很好地处理大型数据集，并呈现大量的数据图(如饼图、等值线图等)。它可以在 Windows、Linux 和 Mac 平台上工作。OpenJUMP 的插件增强了其功能，有(绘图和几何)编辑、光栅、印刷、web 处理、空间分析、GPS、属性查询、可缩放矢量图形(SVG)格式的影像输出和数据库等应用。它不只是一个免费的演示浏览器，还可以编辑、保存、分析等。它为地理信息系统的 API 提供了灵活插件结构，从而使新的功能比较容易实现。

(11) DIVA GIS 是用于制图和地理数据分析的 GIS 软件。它专门从事生物的丰富性和多样性的数据分析；它可以提取气候和土地的所有位置数据，进行统计分析和建模。此外，它可以为生物学的研究提供小面积范围的地图。

(12) FalconView 是佐治亚理工学院(Georgia Institute of Technology)开发的一个地图系统，能显示各种类型的地图和地理相关的覆盖信息，如航空图、卫星图像、激光雷达和高程图。在 SkyView 模式中，甚至可以使用 MXD 文件。它主要有便携式飞行计划软件(PFPS)的功能，因而可以用于战斗飞行计划。它可用于 Windows 系统，Linux 和移动操作系统的版本正在开发中。

(13) OrbisGIS 是一个开源的纯 Java GIS 应用程序，用于读写矢量和栅格数据，创建专题地图。它可以在生态、环境可持续发展的相关性方面，使用系统化的方法评估公共政策。但是，这种做法必须考虑到相关的环境、社会和经济因素，以促进其有效的决策和规划。它可以在不同的时间和空间尺度下计算各项指标，生成综合性模型。

(14) GeoNode 是一个地理空间内容管理系统，是管理和发布地理空间数据的平台。它在一致且易于使用的界面下将成熟稳定的开源软件项目整合在一起，允许非专业用户共享数据并创建交互式地图。

上面这些重量级开源 GIS 工程，基本具备了地图管理、地图编辑、空间分析、地理统计等功能，有些还提供了服务 GIS 的功能。开源 GIS 软件有巨大的潜力，它使得增强协作、共享有价值的数据和访问关键资源成为可能。可能现在大多数做 GIS 应用开发的人员对 Leaflet、Openlayer 等开源地图前端库会更为熟悉，因为它们都可以直接将切片或者空间数据在浏览器中进行可视化，并提供与之交互的能力，让开发人员能够快速搭建地图应用。随着网络 GIS 的发展，有些开源 GIS 工程已经不再跟得上 IT 技术发展的步伐。随着大数据、云计算技术的普遍应用，未来是否还有人愿意去安装庞大的桌面 GIS 软件来处理和分享地图数据？

6.3.4 开源 QGIS 实例

QGIS 是一个用户界面友好的桌面地理信息系统，可运行在 Linux、Unix、Mac OSX 和 Windows 等平台上。QGIS 支持多种栅格和矢量数据格式，使用插件架构可以轻松添加新的格式支持。相较于商业 GIS，QGIS 的文件体积更小，需要的内存和处理能力也更小，因此它可以在旧的硬件上或 CPU 运算能力被限制的环境下运行。

6.3.4.1　QGIS 的特点

（1）支持多种 GIS 数据文件格式。通过 GDAL/OGR 扩展可支持多达几十种数据格式。

（2）支持 PostGIS 数据库。

（3）支持从 WMS、WFS 服务器中获取数据。

（4）集成了 GRASS 和 MapServer 的部分功能。

（5）支持对 GIS 数据的基本操作，如属性的编辑修改等。

（6）支持创建地图。

（7）通过插件的形式支持功能的扩展。

6.3.4.2　QGIS 的功能

（1）浏览数据与地图设计：投影坐标实时转换，识别/选取要素，编辑/检视属性，文字标签，出图设计，空间书签。

（2）建立、编辑、管理与输出数据：支持 OGR 格式及 GRASS 的数字化工具，建立、编辑 Shapefiles 和 GRASS 矢量图层，图像数据定位，从 GPS 下载航迹、航线、航点及展示，Shapefiles 汇出至 PostGIS 图层，附加组件 Table Manager 提供属性表管理功能。

（3）数据分析：通过 PostgerSQL/PostGIS 分析空间数据，附加组件提供 OGR 数据格式空间分析，使用 GRASS 的功能进行空间分析（超过 300 个模块）。

（4）附加组件：加入 WFS 图层，汇入 CSV 文本文件，撷取坐标，加入指北针、比例尺、版权标签，图像定位，Dxf Shp 转换，GRASS 整合，地图格网建立，内插工具，OGR 数据转换，快速打印，Shapefile 汇入 PostgreSQL/PostGIS，输出至 MapServer 格式。

6.3.4.3　QGIS 的应用

（1）DEM 数据获取：从地理空间数据云（http://www.gscloud.cn/）下载 30 m 分辨率的武汉市数字高程数据（图 6.9）。

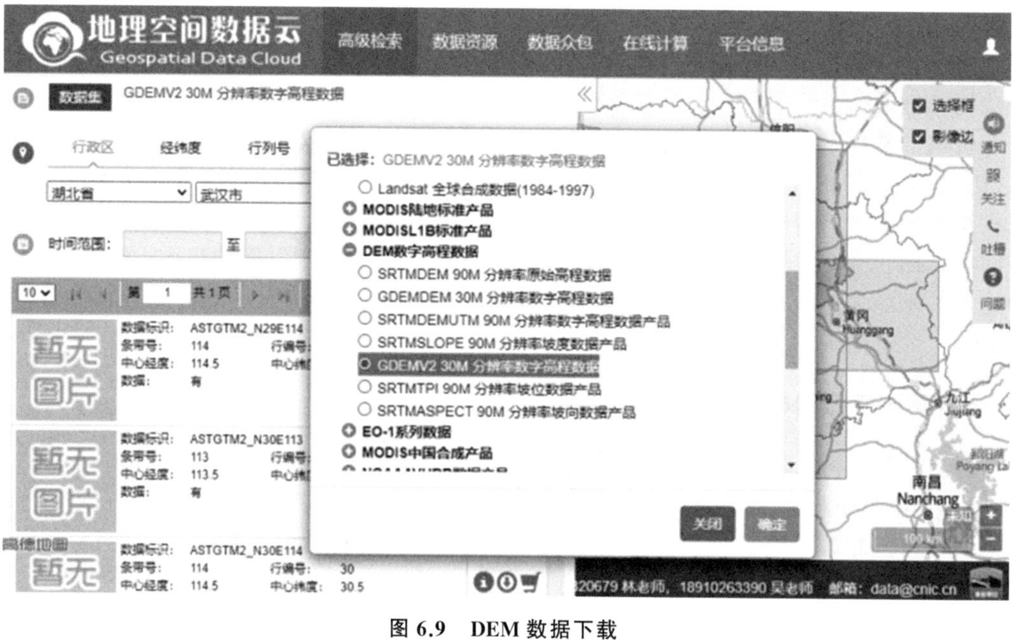

图 6.9　DEM 数据下载

（2）不同 DEM 模型之间的转换（图 6.10）：图 6.10(a)所示为 DEM 数据的一种渲染；图 6.10(b)和图 6.10(c)所示为由同一 DEM 数据转换而成的等高线模型和 TIN 模型；图 6.10(d)所示为 DEM 模型的 3D 效果。

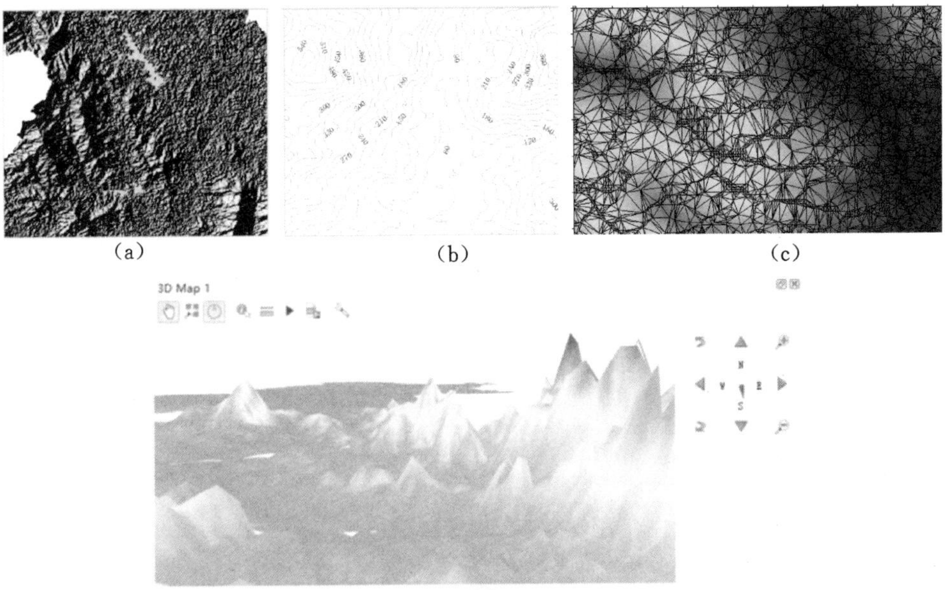

(a) (b) (c)

(d)

图 6.10 不同 DEM 模型之间的转换

(a) DEM 数据的渲染；(b)由 DEM 生成的等高线模型；(c) 由 DEM 生成的 TIN 模型；(d) DEM 模型的 3D 效果

（3）坡向分析图（图 6.11）：DEM 数据虽然只有高程，但可以用于分析坡度和坡向等基本地形因子。

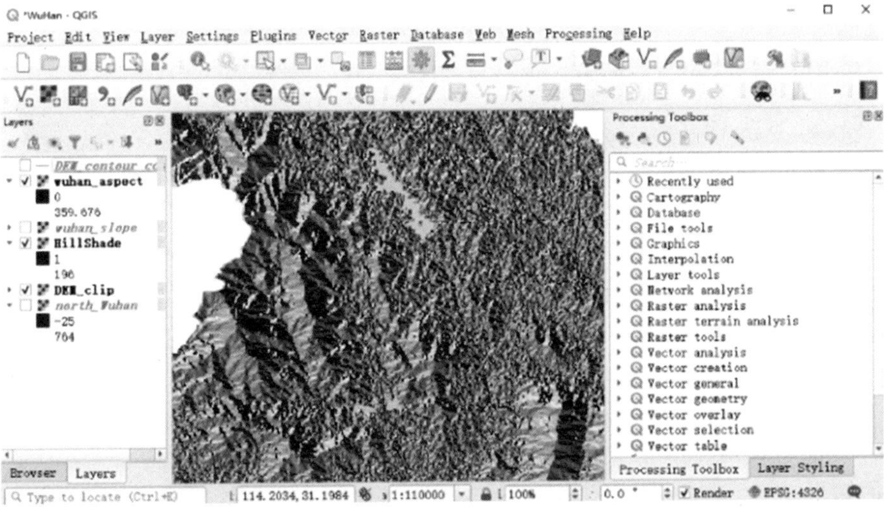

图 6.11 DEM 模型提取的坡向

（4）流域网络与流域分割（图 6.12）：DEM 还能用于流域网络提取和流域分割。

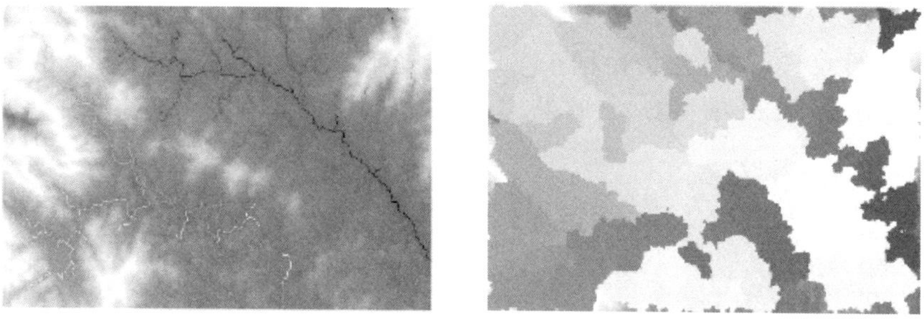

(a)　　　　(b)

图 6.12　流域网络与流域分割

(a) 流域网络;(b) 流域分割

6.4　Web 地理数据处理服务

6.4.1　地理编码服务

地名地址(如 IP 地址、邮政编码、电话号码、标准地址、地名等)与经纬度之间存在映射关系,包括一对一映射和一对多映射。(逆)地理编码为这种映射提供了基础。在 GIS 中,地名地址与经纬度存在不同的应用需求,如经纬度适合于科学计算,而地名地址适合于人的阅读。

6.4.1.1　地理编码

地理编码服务提供将结构化地址数据转换为对应坐标点(经纬度)的功能(图 6.13)。逆地理编码服务提供将坐标点(经纬度)转换为对应位置信息(如所在行政区划,周边地标点分布)的功能。

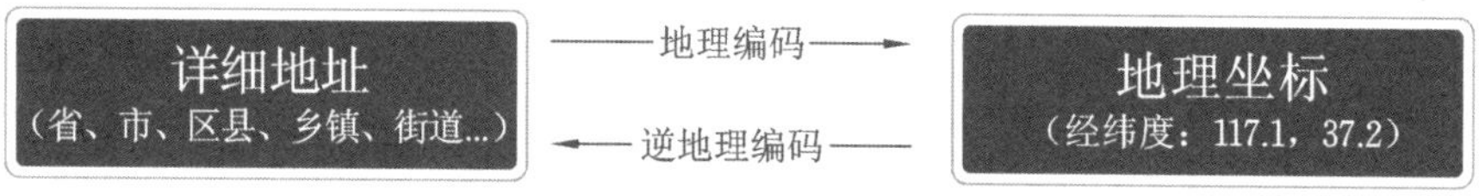

图 6.13　地理编码与逆地理编码

Geocoding API 是一类简单的 HTTP 接口,用于提供从地址到经纬度坐标或者从经纬度坐标到地址的转换服务,用户可以使用 C# 、C++、Java 等开发语言发送 HTTP 请求且接收 JSON、XML 的返回数据。Geocoding API 包括地址解析和逆地址解析功能。例如,在 URL 地址栏发送如下请求:

http://api.map.baidu.com/place/v2/search? query=朝阳区 &region=北京市 &output=json&ak=INZAF52hM1ZUKk4lSIomn10H04b6gYIf

返回结果:


```
{
    "status":0,
    "message":"ok",
```

```
    "results":[
            {
                "name":"朝阳区",
                "location":{
                        "lat":39.926373,
                        "lng":116.449562
                },
                "uid":"f842490592b68e5dfea778ed"
            }
    ]
}
```


类似地，逆地理编码实例如下：

http://api.map.baidu.com/geocoder? location = 39.926373, 116.449562&output = json&key = INZAF52hM1ZUKk4lSIomn10H04b6gYIf

返回的地名地址如下：


```
{
    "status":"OK",
    "result":{
        "location":{
            "lng":116.449562,
            "lat":39.926373
        },
        "formatted_address":"北京市朝阳区神路街33号",
        "business":"朝外,朝阳门,东大桥",
        "addressComponent":{
            "city":"北京市",
            "direction":"附近",
            "distance":"32",
            "district":"朝阳区",
            "province":"北京市",
            "street":"神路街",
            "street_number":"33号"
        },
        "cityCode":131
    }
}
```


6.4.1.2 GeoNames 服务

GeoNames 提供地理编码服务，根据输入的地址返回相应的坐标，还提供 API 供开发者使用。GeoNames 是一个免费的全球地理数据库，被认为是“地理数据的维基百科”，其目标是把各种来源的免费数据进行集成并制作成一个数据库或一系列的 Web 服务。地理信息还详细到坐标、行政区划、邮政编码、人口、海拔和时区等。

GeoNames 回答了诸如此类的问题：这个地方在哪儿？它的坐标是多少？它属于哪个地区或哪个省？有哪些城市或地址靠近这个给定的经纬度？GeoNames 的用户一般利用这些数据或服务计划旅游、房地产、在线社区、商店定位、交通工具追踪、地址确认或关于地理地图方面的应用。GeoNames 采用了维基百科的风格允许用户纠正数据和添加新的地名。

6.4.1.3　Yahoo BOSS PlaceFinder

发布于 2010 年的 Yahoo BOSS PlaceFinder API 支持应用以编程方式访问平台的高级地理编码 Web 服务，这项服务可以让开发者建立"位置感知"应用，实现的方式是将街道地址或者地点名称转换成地理坐标。PlaceFinder 还可以执行反向地理编码，即将地理坐标转换成合适的街道地址或地点名称。

尽管地名与位置之间的映射库能很好地解决地名的位置信息问题，但为一个地名提供的位置往往不总是唯一的，因此确定地名的位置还需要结合上下文的信息。

6.4.2　网络处理服务规范

WPS(Web Processing Service)是 OGC 组织制定的空间信息处理服务的标准规范，旨在以标准化的方式在网络上共享空间信息处理功能。WPS 主要用来处理空间数据，实现通过网络向客户端提供地理数据的处理服务，客户无须安装桌面软件就能实现相关的处理功能。它定义一个标准的接口来实现地理进程发布和绑定进程与客户端，"进程"包括任何能够操作空间数据的算法、计算或模型，"发布"的意思是提供机器可读的绑定信息和人们可读的元数据信息以便服务被发现和使用。一个 WPS 可以被配置提供任何功能的 GIS 空间数据处理功能，将 WPS 进程链接在一起能够生成可以复用的工作流。

6.4.2.1　基本操作

在 WPS 中，客户端和服务器采用基于 XML 的通信方式，在 WPS 接口中定义了三个主要操作(GetCapabilities、DescribeProcess 和 Execute)，用于向客户端提供服务详细信息，查询部署在服务器上的进程描述和执行进程。

(1) GetCapabilities 操作

它请求服务提供的详细信息，包括服务元数据和描述可用进程的元数据。响应是一个名为能力文档的 XML 文档。

与所有 ogc getcapabilities 请求一样，所需的参数是 service＝WPS，version＝1.0.0 和 request＝GetCapabilities。一个示例如下：

```
http://localhost:8080/geoserver/ows?
  service=WPS&
  version=1.0.0&
  request=GetCapabilities
```

(2) DescribeProcess 操作

它请求对服务中可用的 WPS 进程的描述。

参数 identifier 指定要描述的进程，可以请求多个进程，用逗号分隔(例如，identifier＝JTS:buffer,gs:Clip)，必须至少指定一个进程。请求 JTS:buffer 的一个示例如下：

```
http://localhost:8080/geoserver/ows?
  service=WPS&
  version=1.0.0&
  request=DescribeProcess&
  identifier=JTS:buffer
```

响应是一个 XML 文档，其中包含有关每个请求进程的元数据。响应 XML 文档包含的信息详见表 6.1。

表 6.1　响应 XML 文档包含的信息

标题	"使用特定距离缓冲几何图形"
输入内容	geom："要缓冲的几何图形"（几何图形，强制）
	距离："距离（与几何体相同的测量单位）"（双精度，强制）
	象限段："象限段数。圆连接使用>0，平连接使用 0，斜接连接使用<0"（整数，可选）
	披风："缓冲帽样式，圆形、扁平、方形"（文字值，可选）
输出格式	GML 3.1.1、GML 2.1.2 或 WKT 之一

（3）Execute 操作

Execute 操作是使用指定的输入值和必需的输出数据项执行进程的请求。请求可以作为 GET URL 或带有 XML 请求文档的 POST 发出。因为请求具有复杂的结构，所以更常用的是 POST 表单。请求所需的输入和输出取决于正在执行的进程。

6.4.2.2　WPS 实例一

下面是一个 Execute 发布请求的实例。示例流程（JTS：buffer）将几何图形作为输入 geom[在这种情况下，重点是 POINT(0 0)]，distance（带值 10）量化因子 quadrantSegments（这里设为 1），以及 capStyle（指定为 flat）这个<ResponseForm>元素指定单个输出的格式 result 应为 GML 3.1.1。Execute 请求的部分代码如下：

```
<wps:Execute version="1.0.0" service="WPS"
  <ows:Identifier> JTS:buffer</ows:Identifier>
  <wps:DataInputs>
        <ows:Identifier> geom</ows:Identifier>
        <wps:Data>
          <wps:ComplexData mimeType="application/wkt"> <![CDATA[POINT(0 0)]]> </wps:ComplexData>
        </wps:Data>
        <ows:Identifier> distance</ows:Identifier>
        <wps:Data> <wps:LiteralData> 10</wps:LiteralData> </wps:Data>
        <ows:Identifier> quadrantSegments</ows:Identifier>
        <wps:Data> <wps:LiteralData> 1</wps:LiteralData> </wps:Data>
        <ows:Identifier> capStyle</ows:Identifier>
        <wps:Data> <wps:LiteralData> flat</wps:LiteralData> </wps:Data>
  </wps:DataInputs>
```

```
    <wps:ResponseForm>
      <wps:RawDataOutput mimeType="application/gml-3.1.1">
        <ows:Identifier>result</ows:Identifier>
      </wps:RawDataOutput>
    </wps:ResponseForm>
  </wps:Execute>
```

请求的响应如下(为了清晰起见,将数值四舍五入):

```
<?xml version="1.0" encoding="utf-8"?>
<gml:Polygon xmlns:sch="http://www.ascc.net/xml/schematron">
  <gml:exterior>
    <gml:LinearRing>
      <gml:posList>
        10.0 0.0
        0.0 -10.0
        -10.0 0.0
        0.0 10.0
        10.0 0.0
      </gml:posList>
    </gml:LinearRing>
  </gml:exterior>
</gml:Polygon>
```

6.4.2.3 WPS 实例二

下面以一个实例来讲述 WPS 处理服务链组合及调用。

(1) 功能说明

该实例是利用 GeoServer 服务自带 WPS 处理服务,从河网数据(sf:streams)中提取限制区范围(sf:restricted)内河流数据。其中河网数据与限制区范围数据已提前注册到 GeoServer 上。功能技术流程图如图 6.14 所示。

(2) 涉及数据服务与处理服务

① 数据服务说明:

河网数据:GeoServer 自带;sf:streams;

限制区范围数据:GeoServer 自带;sf:restricted。

② 处理服务说明:

空间形状提取服务:GeoServer 自带;gs:CollectGeometries;

要素裁剪服务:GeoServer 自带;gs:Clip。

(3) 实现步骤

① 获得"限制区"的空间形状。该步骤采用【gs:CollectGeometries】处理服务,以"限制区"数据【sf:restricted】的 WFS 要素服务为输入,得到以 geojson 表达的限制区的几何形状。请求 xml 代码如下:

```
<wps:Execute version="1.0.0" service="WPS">
  <ows:Identifier>gs:CollectGeometries</ows:Identifier>
  <wps:DataInputs>
```

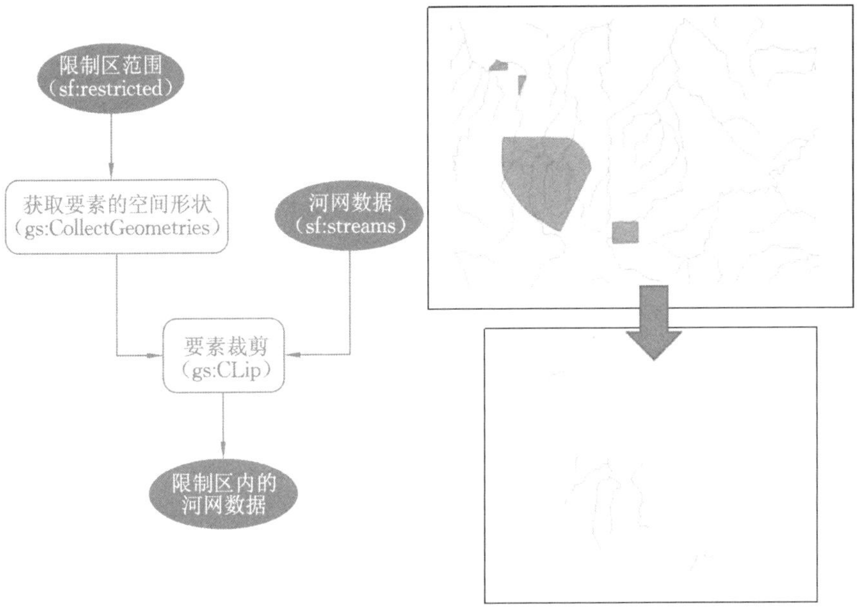

图 6.14　WPS 处理服务链组合

```
        <wps:Input>
        <ows:Identifier> features</ows:Identifier>
        <wps:Reference mimeType="text/xml" xlink:href="http://geoserver/wfs"
method="POST">
          <wps:Body>
            <wfs:GetFeature service="WFS" version="1.0.0" outputFormat="GML2"
            xmlns:sf="http://www.openplans.org/spearfish">
            <wfs:Query typeName="sf:restricted" />
          </wfs:GetFeature>
        </wps:Body>
      </wps:Reference>
    </wps:Input>
    </wps:DataInputs>
    <wps:ResponseForm>
      <wps:RawDataOutput mimeType="application/json">
        <ows:Identifier> result</ows:Identifier>
      </wps:RawDataOutput>
    </wps:ResponseForm>
    </wps:Execute>
```

② 数据裁剪。数据裁剪过程采用【gs:Clip】处理服务，该服务包括"features"与"clip"两个输入参数。其中参数"features"使用"河网"数据【sf:streams】的 WFS 要素服务返回的结果，参数"clip"使用上一步请求过程的输出结果。最终可得到以 geojson 表达的限制区内的河流数据。请求 XML 代码如下：

```
<wps:Execute xmlns:xsi="http://www.w3.org/2001/XMLSchema- instance"
  xmlns="http://www.opengis.net/wps/1.0.0" xmlns:wfs="http://www.opengis.net/wfs"
  xmlns:wps="http://www.opengis.net/wps/1.0.0"
xmlns:ows="http://www.opengis.net/ows/1.1"
  xmlns:gml="http://www.opengis.net/gml" xmlns:ogc="http://www.opengis.net/ogc"
  xmlns:wcs="http://www.opengis.net/wcs/1.1.1"
xmlns:xlink="http://www.w3.org/1999/xlink"
  version="1.0.0" service="WPS"
  xsi:schemaLocation="http://www.opengis.net/wps/1.0.0
http://schemas.opengis.net/wps/1.0.0/wpsAll.xsd">
  <ows:Identifier> gs:Clip</ows:Identifier>
  <wps:DataInputs>
    <wps:Input>
      <ows:Identifier> features</ows:Identifier>
      <wps:Reference mimeType="text/xml" xlink:href="http://geoserver/wfs" method="POST"> <wps:Body>
        <wfs:GetFeature xmlns:sf="http://www.openplans.org/spearfish" service="WFS"
          version="1.0.0" outputFormat="GML2">
          <wfs:Query typeName="sf:streams" />
        </wfs:GetFeature>
      </wps:Body>
    </wps:Reference>
  </wps:Input>
  <wps:Input>
    <ows:Identifier> clip</ows:Identifier>
  <wps:Reference mimeType="text/xml; subtype=gml/3.1.1"
xlink:href="http://geoserver/wps"
      method="POST">
      <wps:Body>
      <wps:Execute version="1.0.0" service="WPS">
      <ows:Identifier> gs:CollectGeometries</ows:Identifier>
      【使用上一步骤的代码】
    </wps:Execute>
    </wps:Body>
  </wps:Reference>
</wps:Input>
</wps:DataInputs>
<wps:ResponseForm>
  <wps:RawDataOutput mimeType="application/json">
    <ows:Identifier> result</ows:Identifier>
  </wps:RawDataOutput>
  </wps:ResponseForm>
</wps:Execute>
```

6.4.3 Hadoop

Hadoop 是一个由 Apache 基金会开发的分布式系统基础架构。用户可以在不了解分布式底层细节的情况下，开发分布式程序。Hadoop 的框架最核心的设计就是：HDFS 和 MapReduce。HDFS 为海量的数据提供了存储空间，而 MapReduce 则为海量的数据提供了计算服务。

(1) 优点

Hadoop 是一个能够让用户轻松架构和使用的分布式计算平台。用户可以轻松地在 Hadoop 上开发和运行处理海量数据的应用程序。它主要有以下几个优点：

① 高可靠性。Hadoop 按位存储和处理数据的能力值得人们信赖。

② 高扩展性。Hadoop 是在可用的计算机集簇间分配数据并完成计算任务的，这些集簇可以方便地扩展到数以千计的节点中。

③ 高效性。Hadoop 能够在节点之间动态地移动数据，并保证各个节点的动态平衡，因此处理速度非常快。

④ 高容错性。Hadoop 能够自动保存数据的多个副本，并且能够自动将失败的任务重新分配。

⑤ 低成本。Hadoop 是开源的，项目的软件成本因此会大大降低。

(2) 核心架构

Hadoop 由许多元素构成，其最底部是 Hadoop Distributed File System(HDFS)，它存储 Hadoop 集群中所有存储节点上的文件。HDFS 的上一层是 MapReduce 引擎，该引擎由 JobTrackers 和 TaskTrackers 组成。

Hadoop 是一种分布式数据和计算的框架，很擅长存储大量的半结构化的数据集。数据可以随机存放，所以一个磁盘的失败并不会带来数据丢失。Hadoop 也非常擅长分布式计算——快速地跨多台机器处理大型数据集合。

MapReduce 是处理大量半结构化数据集合的编程模型，用于大规模数据集(大于1 TB)的并行运算。

MapReduce 和 Hadoop 是相互独立的，实际上又能相互配合工作得很好。

思　考　题

讨论 1：在日常生活中有哪些混搭现象或实例？

作业 1：地理信息混搭与聚合分别是什么？

作业 2：面向空间数据处理的开源函数库有哪些？

作业 3：面向空间数据处理的开源 GIS 有哪些？

思政 1：专业知识与思政元素的知识图谱如何自动对接？

7 Web GIS 可视化

本章主要联系的课程："地图学""虚拟仿真"。

GIS 可视化经历了地图可视化、空间信息可视化、虚拟地理环境，通过加强地理学分析的直观性和改善地理空间信息的传输效果，以提高对空间数据复杂过程分析的显示、理解、洞察、发现和创新能力。相对于地图可视化主要研究传统符号化、视觉变量及视觉感受效果而言，空间信息可视化着重探索在动态、时空变换、多维条件下的视觉效果和增强视觉工具的功能。虚拟地理环境是一种由计算机生成的高级人机交互系统，决策者在可"进入"的地理环境中进行交互式操作并做出决策。

7.1 Web 矢量地图表达

SVG 是一种矢量标记语言，能以 XML 格式描述地图，实现地图数据的传输、共享和格式转换。

7.1.1 SVG 概括

SVG 是 W3C 制定的基于 XML 的图形标记语言。根据功能不同，SVG 的主要对象可归为基本要素对象和描述功能对象两大类。前者不仅支持文字、图像和基本图形，而且对贝塞尔曲线也同样支持，并引入路径的概念；后者包括字体描述、坐标变换、填充、透明、链接、描边、动画、显示方式、剪切路径、组合对象及箭头等。

图 7.1 一个 SVG 实例图形

7.1.1.1 SVG 语法基础

SVG 是使用 XML 来描述二维图形和绘图程序的语言。下面是一个简单的 SVG 文件实例，其对应的图形如图 7.1 所示。

```
<? xml version="1.0" standalone="no"? >
<! DOCTYPE svg PUBLIC "- //W3C//DTD SVG 1.1//EN"
"http://www.w3.org/Graphics/SVG/1.1/DTD/svg11.dtd">
    <svg width="100% " height="100% " version="1.1"
xmlns="http://www.w3.org/2000/svg">
    <circle cx="100" cy="50" r="40" stroke="black" stroke- width="2" fill="red"/>
</svg>
```

第一行包含了 XML 声明。请注意 standalone 属性，该属性规定此 SVG 文件是否是"独立的"，或含有对外部文件的引用。standalone＝"no"意味着 SVG 文档会引用一个外部文件,在这里,这个外部文件是 DTD 文件。

第二和第三行引用了这个外部的 SVG DTD。该 DTD 位于"http://www.w3.org/Graphics/SVG/1.1/DTD/svg11.dtd",含有所有允许的 SVG 元素。

SVG 代码以<svg>元素开始,包括开启标签<svg>和关闭标签</svg>,这是根元素。width 和 height 属性可设置此 SVG 文档的宽度和高度。version 属性可定义所使用的 SVG 版本。xmlns 属性可定义 SVG 命名空间。

SVG 的<circle>用来创建一个圆。cx 和 cy 属性定义圆中心的 x 和 y 坐标。如果忽略这两个属性,那么圆点会被设置为(0,0)。r 属性定义圆的半径。stroke 和 stroke-width 属性控制如何显示形状的轮廓。fill 属性设置形状内的颜色。

关闭标签的作用是关闭 SVG 元素和文档本身。

SVG 文件可通过标签<embed>、<object>或者<iframe>嵌入 HTML 文档。

7.1.1.2 SVG 与地图表达

SVG 在以下方面适合于地图制图:①坐标系统和转换处理;②图层管理;③强有力的文字处理功能,如文字沿路径分布、字体管理等;④栅格图像管理,能进行矢栅合并;⑤图形元素具有线型、透明度等参数,能绘制高质量的地图;⑥通过使用 JavaScript 和 DOM,SVG 具有很强的交互功能;⑦能扩展自定义的非图形属性等;⑧能支持"多文档视图",主视图<svg></svg>是 SVG 文档唯一的根标记,每一个子视图采用一个嵌套的<svg></svg>表示。

(1) GML 与 SVG 的关系

GML 与 SVG 都是基于 XML 且与几何图形相关的标记语言。其中,GML 描述地理数据,包括空间几何、要素属性及要素之间的拓扑关系;SVG 描述图形、图像及文本,但不支持拓扑表达,两者具有一定的对应关系(图 7.2)。

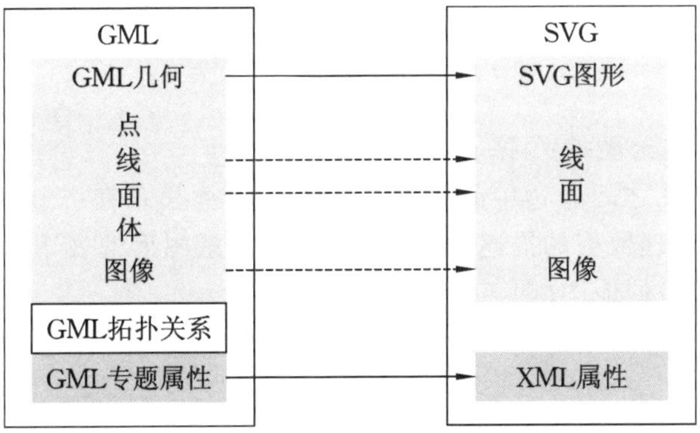

图 7.2 GML 与 SVG 之间的对应关系

GML 与 SVG 在几何描述方面具有类似的功能,如 GML 的最小包围盒能通过 SVG 多边形的 getBox( )操作实现。GML 的线、面与图像能与 SVG 对应的元素直接映射(表 7.1),GML 的点元素在 SVG 中没有直接的元素表示,但可以通过 SVG 的其他图形元素来表示。

表 7.1　GML 与 SVG 在几何对象描述上的对应关系

GML	SVG
<point>	rectangle,circle,icon at the point location
<LineString>	<polyline>
<Box>	<rect>
<LinearRing>	<svg:polygon>
<Polygon>	<Polygon>
<MultiPoint>	rectangle,circle,icon at the point
<MultiLineString>	A group <g> of <svg:polyline>
<MultiPolygon>	A group <g> of <svg:polygon>

(2) SVG 与地图的关系

SVG 能为地图制图提供标准的基于矢量格式的解决方案。CorelDraw 制图中没有点的概念,对应于 SVG 没有点的图形一样。地图符号可以由 SVG 的形状元素进行描述;注记由 SVG 的文本元素表示;图层由 SVG 的组元素表示(图 7.3)。

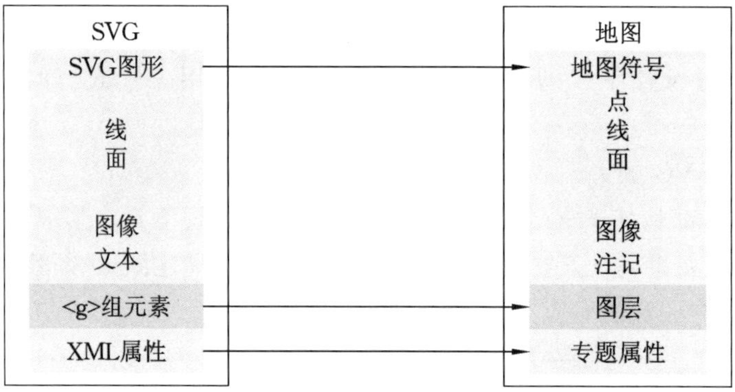

图 7.3　SVG 与地图之间的关系

(3) GML、SVG 与地图的关系

GML、SVG 与地图之间通过中间枢纽——图形紧密联系在一起,但各自侧重点不同。GML 面向二维空间地理数据的描述;SVG 面向二维矢量图形的表达,可用于表示二维矢量的、多媒体的、面向网络的地图(图 7.4)。

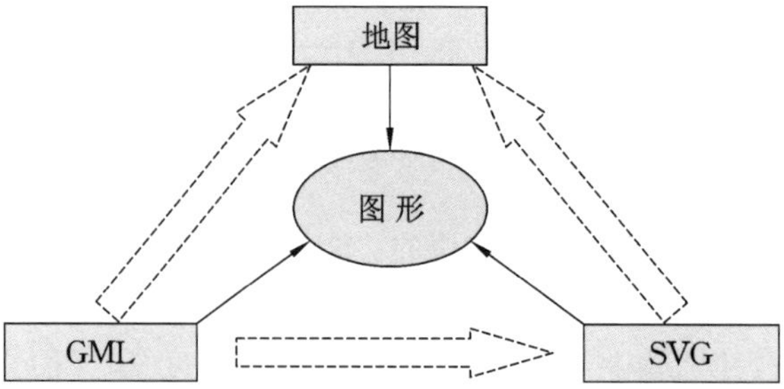

图 7.4　GML、SVG 与地图之间的关系

SVG 地图具有如下功能：

① 放大缩小，用户可以放大地图图像到任何倍数而不必担心损失地图的细节；

② 文字的查询，由于文字在 SVG 图形里面仍然是以文字表示的，所以图中文字可以很容易地被查询和修改；

③ 文件小，SVG 是文本文件，其压缩率非常高，使得文件大小和下载时间大大减少；

④ 可提供 16 位色支持，使地图颜色丰富多彩；

⑤ 可以很容易地实现和用户交互，编写鼠标事件就可以实现高亮度显示、地图提示、特殊效果等；

⑥ 支持超链接，当 SVG 图形放大或漫游时，通过 URL 能动态加载更加详细或不在视口范围的数据，实现层状细节模型的分布式处理。

7.1.2 基于 SVG 的符号库结构

配置在空间位置上的地图符号类，称为符号实例，其过程称为符号化或实例化。地图符号具有符号类与符号实例两个概念，在任何时候地图符号只能取其中一种含义。地图符号可以从三个方面进行描述：符号几何类型、图形参数与符号位置，它们分别构成地图符号的三个维度(图 7.5)。如面符号实例——A 湖泊，其对应的几何类型为面状，图形参数是<填充颜色，浅蓝色>，空间位置是表示 A 湖泊所在位置的一系列坐标。A 湖泊所对应的符号类——湖泊，包括几何类型与图形参数存储在符号库中，与具体的地理要素位置无关。

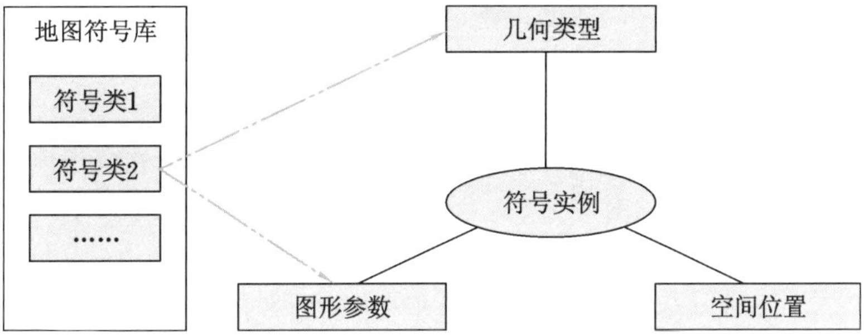

图 7.5 地图符号的维度

SVG 中的<font>元素以明文的形式定义了一种可供使用的字体。<font>元素包含了两部分：作为接口的<font-face>元素部分和作为字体轮廓定义的<glyph>与<missing-glyph>元素部分。其中，<font-face>元素描述本字体所定义的各种特性，以供外界使用；每个<glyph>元素使用“Unicode”属性指明其代表的字符，同时使用”d”属性描述该字符的字形轮廓。<missing-glyph>元素除了没有“Unicode”和“glyph-name”属性外，其他各种属性基本与<glyph>元素相同。

地图符号库结构由符号库接口与地图符号表示构成(图 7.6)。符号库接口通过 font-family 属性标识符号库。地图符号表示由三个部分组成：符号基本信息、符号交互属性与符号图形表示。符号基本信息包括符号标识符、符号要素类型与符号几何类型。其中，符号标识符由 Unicode 表示。符号要素类型与几何类型是自定义属性类型，便于地理信息能按几何或要素进行分层，几何类型包括点、线、面等类型。符号交互属性由<g>元素的属性 style 表示，用于地图符号与用户交互时实现图形的变化，如颜色变化、线型变化等。地图符号的其他属性可以在＜g＞元素中通过自定义属性表示。＜g＞元素用于组织地图符号的图形部分。

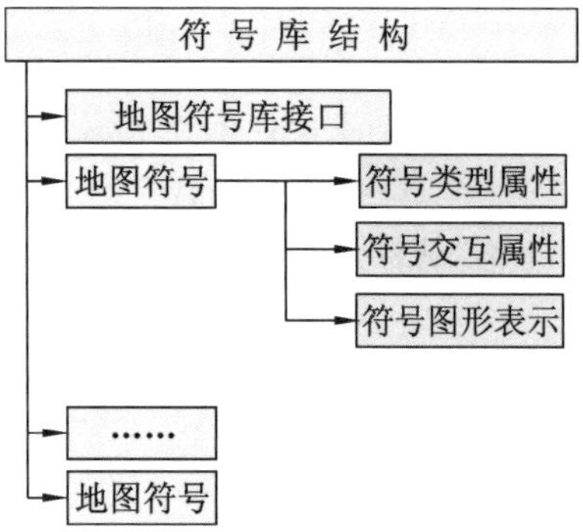


```
<font>
    <font-face font-family='SymbolLibraryName'.../>
    <glyph Unicode='symbol_id' featureType='feature_type'
            geometry='geometry_type'>
        <g
style='fill:black;stroke:black;stroke-width:3;... '>
            <circle cx='0' cy='0' r='10'/>
        </g>
```

图 7.6 基于 SVG 的地图符号库结构

基于 SVG 的地图符号具有统一的结构，便于地图符号的交互操作，如符号选中、符号编辑操作等。在地图的交互中，地图符号的图形是作为整体出现的；在地图制图编辑时，构成地图符号的图元可以是独立的。

7.1.3 基于 SVG 的地图符号设计

采用 SVG 实现地图符号时，线符号进一步分为对称型线符号与非对称型线符号，面符号分为填充型面符号与非填充型面符号。

7.1.3.1 点符号设计

点符号的特征描述，一般包括定位点、方向、大小、形状等参数，在电子地图中点符号还具有动画特性。点符号的形状对应于 SVG 的基本图形；定位点、方向与大小对应于 SVG 的坐标变换的平移、旋转和缩放。SVG 的 Transform 属性能实现点符号在定位点处按照一定的位置、方向、大小与错切等进行符号化，实现地图的点符号配置。

SVG 定义动画的元素有 5 个：＜animate＞、＜set＞、＜animateMotion＞、＜animateColor＞、＜animateTransform＞，它们都是使某一个元素的属性值或样式参数值随着时间发生变化，只是动画效果的侧重点不同。动画元素的通用属性有：标识所作用元素、标识所作用属性或样式参数、控制动画播放时间、控制动画过程及控制动画的叠加等。点符号的 SVG 描述详见图 7.7。

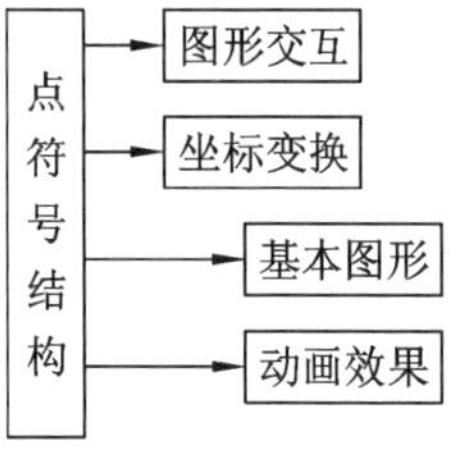


```
<g      style="fill:none;stroke:blue;stroke-width:1"
        transform="translate(10,10)rotate(10,0,0)scale(2,2)skewX(20) ">
    <polyline points="0,-6 0,14 7.5,14"/>
    <path d="M5,-4 L-5,4 M-5,-4 L5,4">
        <animateTransform attributeName="transform"
         values="0;-360" dur="4s" repeatCount="indefinite"/>
    </path>
</g>
```

图 7.7 点符号的 SVG 描述

基于 SVG 的动态点符号是在点符号中加入动画效果，能实现表示动态的地理要素，如烟囱、天文点、发射塔、风车等(图 7.8)。

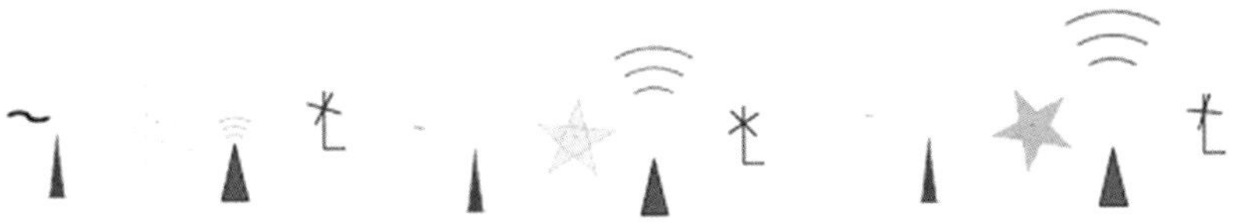

(a) (b) (c)

图 7.8 基于 SVG 的点符号动画效果

(a) T_1时刻；(b) T_2时刻；(c) T_3时刻

7.1.3.2 线符号设计

线符号按照 SVG 实现方法，可以分为对称型线符号与非对称型线符号两种类型(图 7.9)。线符号通常采用组合方法进行设计，将不同的成分进行组合，如图 7.9 所示，①与②组合成符号③。与线相关的 SVG 绘制属性有"skoke-width""stroke-linecap""stroke-linejoin""stroke-dasharray""stroke-dashoffset""stroke-opacity"等，分别表示线条宽度、路径线条端点的绘制式样、线条交叉时交点处的过渡形状、线型、起始偏移量、透明度。

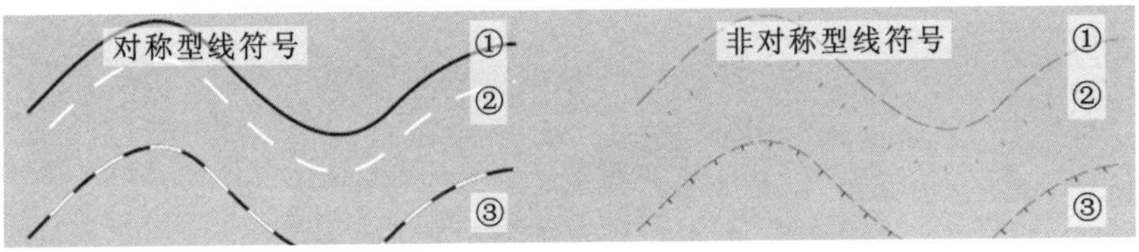

图 7.9 线符号设计

对称型线符号将不同线型按照一定的层次顺序进行组合，符号中的每条线都沿线符号中轴线对称。非对称型线符号也是一种组合符号，但符号中至少有一个成分不是沿中轴线对称的，这类符号难以使用 SVG 的图形元素直接进行描述，SVGMapMaker 不支持的线符号大多属于这种类型。因此需要采用其他方法，如文字沿路径排列来实现非对称型线符号。图 7.9 中，②是文字"l"按照线符号中轴线路径进行排列，其中文字可以是已有的文字或自定义的文字。

路径由<path>元素定义，<text>元素中有一个<textpath>子元素用来完成这个功能。<textpath>元素中有一个"xlink: href"属性引用外部的<path>，其他属性有"startOffset"属性定义文本沿路径排列时的起始位置；"method"属性规定文字按路径排列时是否拉伸以适合整个路径；"baseline-shift"属性确定字符的基线位置。同时<textPath>元素也可以包含<tspan>等子元素，用来在路径中设置各个字符相对于路径的位置、角度等参数。图 7.9 中的非对称型线符号的代码如下：

```
<defs> <path id="linePath" d="M 100 200 … C 800 100 900 100 900 100"/> </defs>
<g style="fill:none;stroke:black;stroke- width:1;stroke- dasharray:40 10;" >
  <use xlink:href="# linePath"/>
  <text font- family="Verdana" font- size="10" fill="black" letter- spacing="47" >
```

```
    <textPath xlink:href="# linePath" baseline- shift="- 80%" startOffset="20" > llllllllllllllllllll </textPath>
  </text>
</g>
```

7.1.3.3　面符号设计

根据 SVG 的特性，面符号设计可以分为两大类：填充型面符号与非填充型面符号。填充型面符号包括纹理填充、单一颜色填充、色彩线性渐变填充、色彩放射状渐变填充与模式填充，分别对应于 SVG 的<image>、<fill>、<linearGradient>、<gradientTransform>与<pattern>元素。其中，<image>元素可将一个完整的点阵图像(包括 SVG 图像)文件渲染到当前用户坐标系的指定矩形区域内(图 7.10)；<fill>元素用于填充多边形对象，包括色彩与模式填充；<linearGradient>与<gradientTransform>属于色彩渐变，是指用两种或两种以上的颜色通过特定方向的过渡来实现绘图的过程，能达到生动美观的效果；模式填充是使用一小块特定的图像作为模板铺满所需要绘制的区域。

```
<svg xmlns="http://www.w3.org/2000/svg">
<image x="1" y="1" width="300" height="300"
        href="myimage.jpg">
</image>
</svg>
```

图 7.10　基于 SVG 的图像填充

模板填充可以实现面符号的色彩、渐变、纹理、晕线、井字形与品字形填充，并能进行分层设计。晕线模板之间有时会出现缝隙[图 7.11(a)]，可以通过将同一模板进行平移并与原模板一起实现无缝[图 7.11(b)]。井字形填充面符号中，每个模板只有一个填充的点符号[图 7.11(c)]。品字形面符号则是每个模板有两个呈对角分布的点符号[图 7.11(d)]。

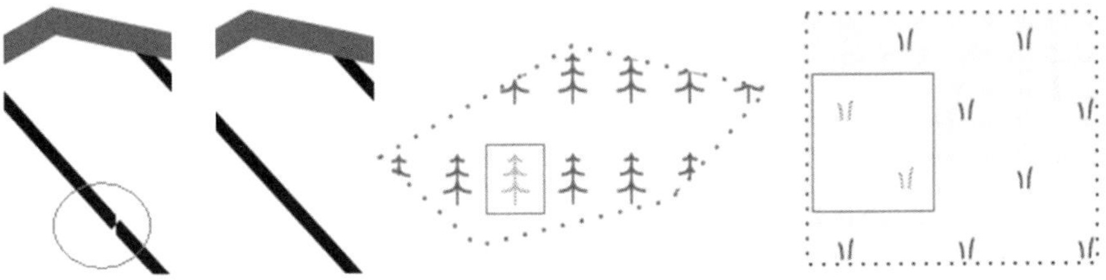

(a) (b) (c) (d)

图 7.11 基于模板的规则面符号

(a) 缝隙;(b) 无缝晕线;(c) 井字形(针叶林);(d) 品字形(竹林)

模板填充不能有效实现随机填充,包括点符号的位置随机、大小随机、方向随机、形状随机等。采用模板方法模拟随机变化时,需在一个模板中填充多个随机的点符号,但在整个面符号中仍能看出以模板为单元的规则分布特点[图 7.12(a)]。非填充型面符号通过 SVG 的 DOM 接口,利用脚本程序实现具有随机特性的面符号[图 7.12(b)],包括方向、形状、大小、位置的随机变化。

上述面符号还可以作为组分通过一定的叠加方式(如设置透明度、上下层关系,避免压盖)形成复合面符号,如针阔混交林符号(图 7.13)。

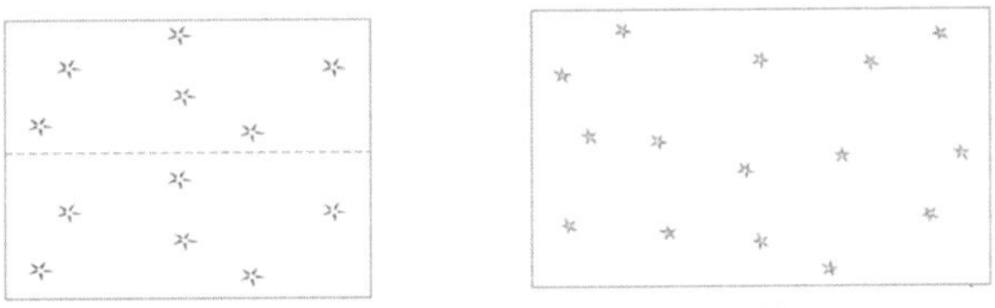

(a) (b)

图 7.12 面符号中的随机表示

(a) 模板随机面符号龟裂地;(b) 非填充型面符号龟裂地

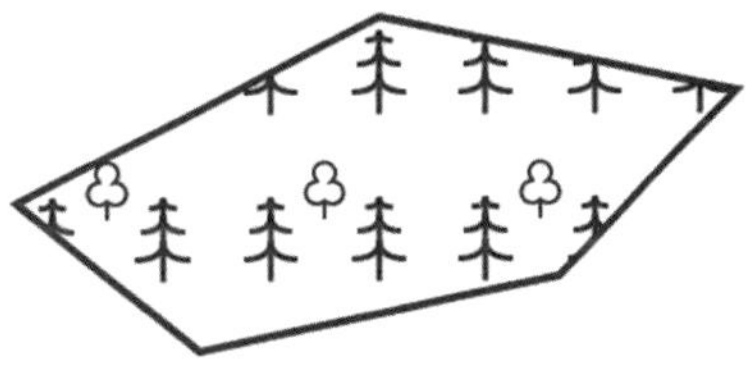

图 7.13 针阔混交林的符号实例

7.1.3.4 注记设计

在地图语言中,除了利用以图形为主的基本语言——地图符号外,还使用了自然语言——地图注记。地图注记的要素包括字体、字色、字号、字隔、字位、布置等,使得注记具有符号性意义。地图注记能采用 SVG 的<text>元素进行描述。

地图注记字体由属性“font-family”“font-weight”与“font-style”表示。其中,“font-family”指定字体名称;“font-weight”表示字体是否采用粗体及加粗的程度;“font-style”指定字体的样式,如果是左斜体和耸肩体(图 7.14),则需要对字体进行坐标变换。左斜体可以通过对字体进行“skewX(15)”变换实现,而耸肩体则需要两步“rotate(−15)skewX(−15)”,即先对字体逆时针旋转 15°,再沿 X 方向错切 −15°。字色由 stroke 属性表示。字号大小通过“font-size”“font-stretch”描述,前者制定字号大小,后者制定文字的拉伸方式。字隔指注记中字与字的间隔距离,由<tspan>元素的“dx”“dy”属性指定。字位指注记放置的位置,由<text>元素的“x”“y”属性或<tspan>元素的“x”“y”属性指定。

注记配置,是指注记在图上的排列方式,有水平字列、垂直字列、雁行字列与屈曲字列。

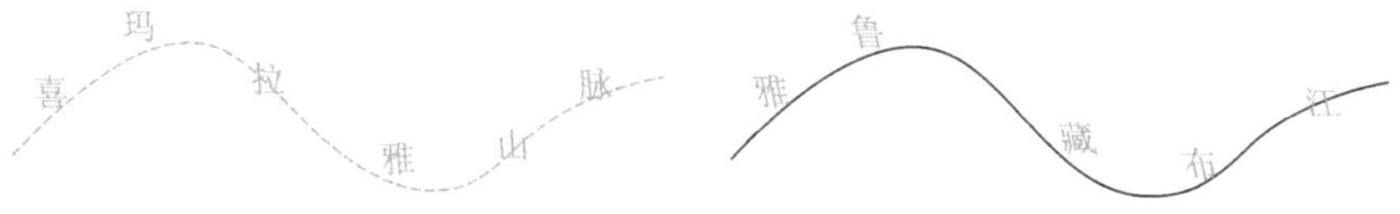

图 7.14　地图注记

(a) 耸肩体;(b) 左斜体

可以通过字体的字向朝北,并沿水平线、垂直线、斜线与任意曲线排列来完成注记配置,需要对注记中的每个字符单独进行处理。

7.2　Web 地图软件生态

地图渲染引擎负责将地理空间数据转换为可视化的地图,并提供丰富的地图交互功能。开源的 GIS 软件或函数库则实现了地理空间数据的简单、普适性表达。这些软件着重于可视化的不同方面,如空间维度,在 Web 空间数据可视化生态中占据一定的生态位。

7.2.1　开源地图软件类型

2D、2.5D、3D 开源制图软件是 Web 制图软件这一群落的不同种群,种群内部存在多种不同的软件个体,个体之间既有竞争又有互利共生的生态关系,种群之间的关系亦如此。

7.2.1.1　2/2.5D 地图制图工具

地理信息服务使用 OpenScales 或者支持 JavaScript 的 Openlayers、MapGuide、Leaflet、SharpMap 等轻量级的地图容器前端展示。前端其他数据展示使用 JavaScript。其中,OpenLayers 是一个专为 Web GIS 客户端开发提供的 JavaScript 类库包,用于实现标准格式发布的地图数据访问;OpenScales 算是 OpenLayers 的 ActionScript 翻版,对于 Flex 前端开发来说是个不错的选择;Leaflet 是适用于移动端交互地图的主要开源 JavaScript 库;MapGuide 是一个功能齐全的基于 Web 的 GIS 应用程序,用于查看和创建地图及数据层。

(1) Mapnik

Mapnik 是一个强大的使用地理空间数据创建地图的工具包,其核心是一个 C++的共享库,提供空间数据访问和可视化的算法和模式,特别是包含一些地理对象,如地图、层、数据源、特征和地理几何等。它提供了一些功能,可以用来设计具有良好视觉效果的地图。地图对象是 Mapnik 的 API 的核心,它提供了生成图像输出格式的方法(通常是 PNG 或者是 PDF)。

Mapnik 能为 Postgis、Shapefile、Geojson、SQLite 等在内的多种数据源提供空间数据计算与可视化服务,包括 png 瓦片、矢量瓦片、utfGrid;同时它支持自定义渲染样式配置,具有很高的灵活性,提供了 C++、Python、node 接口。

(2) MapQuest

MapQuest 成立的时间可以回溯至 1967 年。早在谷歌地图出现之前,MapQuest 就开始向公众提供电子地图服务了。

MapQuest 有数个电子地图产品可以选择，包括面向网站、移动端、本地化、企业和开发者等不同的产品。MapQuest 平台有两种类型：授权的和开放的。授权数据平台需要企业版本的许可才能使用，而开放数据平台仅需要获得免费开放许可就能使用。需要提醒的是，MapQuest 开放数据平台的主要数据来源是由 OSM 提供的。MapQuest 还提供 JavaScript 地图 API、Open Web Services 套件、开放的 Leaflet 插件等。

（3） MapBox

成立于 2010 年的 MapBox 提供了一系列电子地图工具，可以将自定义的地图快速便捷地添加到应用中。MapBox 是一个开源的平台，用户可以设计纹理、插图等不同风格的地图，自定义标记样式，同时还具备矢量瓦片、静态地图、地理编码等功能。

对于开发者而言，MapBox 有 API、SDK 和其他开发工具可以选择；开发者能将动态地图和 MapBox 的技术与自己的应用结合。这个平台的特色是提供一种在线地图编辑工具，允许用户使用自己的数据快速建立自定义地图，支持导入的数据类型包括 CSV、GeoJSON、KML、GPX。

（4） CartoDB

成立于 2012 年的 CartoDB 是一款网络应用程序和交互式地图制图工具，以提供"一键式制图"功能闻名。它能分析用户上传的数据，并自动制作地图。CartoDB 允许开发者创建 Web 端和移动端的地理信息应用，它也有好几种不同级别的解决方案，从免费的基础级方案直至功能强大的企业级方案都有。

CartoDB 为开发者准备了 JavaScript 库（CartoDB.js）和一些 API，这样开发者就能将漂亮的地图和地理可视化添加至自己的程序。CartoDB 的地图编辑器有直观的拖放式交互界面，这样用户就能快速地创建地图，并进行数据可视化。无论是平台还是编辑器，CartoDB 将它们的文档都做得非常通俗易懂。在 CartoDB 诸多功能中，最受欢迎的是被称为"Torque"的功能，它为可视化增加了动画效果，可以展示某个区域的数据随着时间变迁发生了什么变化。

（5） OpenScales

OpenScales 是一个优秀的前台地图框架，开发者可以用来开发各种网络版、手机版和桌面版的地图程序。它是基于 ActionScript3 和 Flex 的开源（LGPL）地图框架，方便建立富互联网地图应用程序。

（6） Leaflet

Leaflet 是一个为构建交互性好、适用于移动设备地图应用而开发的现代的、开源的 JavaScript 库。Leaflet 是由 Vladimir Agafonkin 带领的一个专业贡献者团队开发的，代码量很小（仅 33 KB），但具有开发人员开发在线地图的大部分功能。Leaflet 设计坚持简便、高性能和可用性好的思路，在所有主要桌面和移动平台都能高效运作，在现代浏览器上会利用 HTML5 和 CSS3 的优势，同时也支持旧的浏览器访问。它支持插件扩展，有一个友好、易于使用的 API 文档和一个简单、可读的源代码。Leaflet 的一个实例如下（图 7.15）：

```
<! DOCTYPE html>
  <html>
  <head>
```

```
<title> Quick Start- Leaflet</title>
<meta charset="utf- 8" />
<meta name="viewport" content="width=device- width,initial- scale=1.0">
<link rel="shortcut icon" type="image/x- icon" href="docs/images/favicon.ico" />
<link rel="stylesheet" href="https://unpkg.com/leaflet@ 1.6.0/dist/leaflet.css"
integrity="sha512- xwE/Az9zrjBIphAcBb3F6JVqxf46+
CDLwfLMHloNu6KEQCAWi 6HcDUbeOfBIptF7tcCzusKFjFw2yuvEpDL9wQ==" crossorigin=""/>
<script src="https://unpkg.com/leaflet@ 1.6.0/dist/leaflet.js" integrity="
sha512- gZwIG9x3wUXg2hdXF6+ rVkLF/0Vi9U8D2Ntg4Ga5I5BZpVkVxlJWbSQtXPSiUTtC0TjtGO
mxa1AJPuV0CPthew==" crossorigin=""></script>
</head>
<body>
<div id="mapid" style="width:600px; height:400px;"></div>
<script>
var mymap=L.map('mapid').setView([51.505,- 0.09],13);
L.tileLayer('https://api.mapbox.com/styles/v1/{id}/tiles/{z}/{x}/{y}? access_token=pk.
eyJ1IjoibWFwYm94IiwiYSI6ImNpejY4NXVycTA2emYycXBndHRqcmZ3N3gifQ.rJcFIG214AriISLbB6B5aw',{
    maxZoom:18,
    attribution:'Map data &copy; <a href="https://www.openstreetmap.org/">
OpenStreetMap</a> contributors,' +
        '<a href="https://creativecommons.org/licenses/by- sa/2.0/"> CC- BY- SA</a> ,' +
        'Imagery © <a href="https://www.mapbox.com/"> Mapbox</a> ',
    id:'mapbox/streets- v11',
    tileSize:512,
    zoomOffset:- 1
    }).addTo(mymap);
    L.marker([51.5,- 0.09]).addTo(mymap)
        .bindPopup("<b> Hello world! </b><br /> I am a popup.").openPopup( );
        L.circle([51.508,- 0.11],500,{
        color:'red',
        fillColor:'# f03',
        fillOpacity:0.5
    }).addTo(mymap).bindPopup("I am a circle.");
    L.polygon([
        [51.509,- 0.08],
        [51.503,- 0.06],
        [51.51,- 0.047]
    ]).addTo(mymap).bindPopup("I am a polygon.");
    var popup=L.popup( );
    function onMapClick(e) {
```

```
    popup
            .setLatLng(e.latlng)
            .setContent("You clicked the map at "+ e.latlng.toString( ))
            .openOn(mymap);
    }
    mymap.on('click', onMapClick);
    </script>
    </body>
</html>
```

图 7.15　Leaflet 的一个实例

Leaflet 强大的开源库插件涉及地图应用的各个方面，包括地图服务、数据提供、数据格式、地理编码、路线和路线搜索、地图控件和交互等类型的插件共有 140 多个。这些控件大大扩展了 LeafLet 的功能，同时也可以设计开发自定义的控件，具有良好的可扩展性。其中 Esri 提供面向 ArcGIS Services 的 leaflet 的插件，插件支持 Esri 底图服务、要素服务、瓦片和动态图服务。Leaflet API 可以调用各种在线的地图服务，天地图、Google 地图、高德地图可以满足多种服务的需要。系统外观 UI 采用 BootStrap 响应式结构设计框架，对各种尺寸的屏幕进行优化显示，开发者只需具有基本的 CSS 基础就可以设计适合多终端、多平台的 GIS 应用。

(7) SharpMap

SharpMap 是一个基于.net 2.0 使用 C＃开发的 Map 渲染类库，可以渲染各类 GIS 数据（目前支持 ESRI Shape 和 PostGIS 格式），可应用于桌面和 Web 程序，代码行数近 10000 行，可以算是一个实现了最基本功能的 GIS 系统。

7.2.1.2　3D 地图制图工具

OSGGIS 开源三维渲染引擎，Cesium、OSGearth、OGRE、NASA World Wind 虚拟地球仪软件。其中，OSGearth 为开发 OSG 应用提供了一个地理空间 SDK 和地形引擎；OGRE

是一个三维(3D)图形渲染引擎,它是面向对象的,已经成功地应用于诸多三维仿真领域,包括网络游戏和三维仿真项目;NASA World Wind 是 NASA(美国国家航空航天局)开发的三维地球信息系统,类似 Earthview 3D 的鸟瞰工具,但更加权威而且完全免费,通过这个系统的 3D 引擎,用户可以从外太空看见地球上的任何一个角落。

7.2.2　2D 展示系统 OpenLayers

OpenLayers 是一个非常受欢迎的地图库,这要归功于其开源的特性,以及对其他平台瓦片地图的支持。OpenLayers 官方网站包含了大量现场演示,在 GitHub 上也有相当数量可用的代码样例。

7.2.2.1　概述

OpenLayers 是一个用于开发 Web GIS 客户端的 JavaScript 包,能为互联网客户端提供强大的地图展示功能(图 7.16),包括地图数据显示与相关操作,并具有灵活的扩展机制。OpenLayers 支持的地图来源包括 Google Maps、Yahoo Map、微软 Virtual Earth 等,用户还可以用简单的图片地图作为背景图,与其他的图层在 OpenLayers 中进行叠加。OpenLayers 使用来自 Prototype.js 和 Rico 中的一些组件。

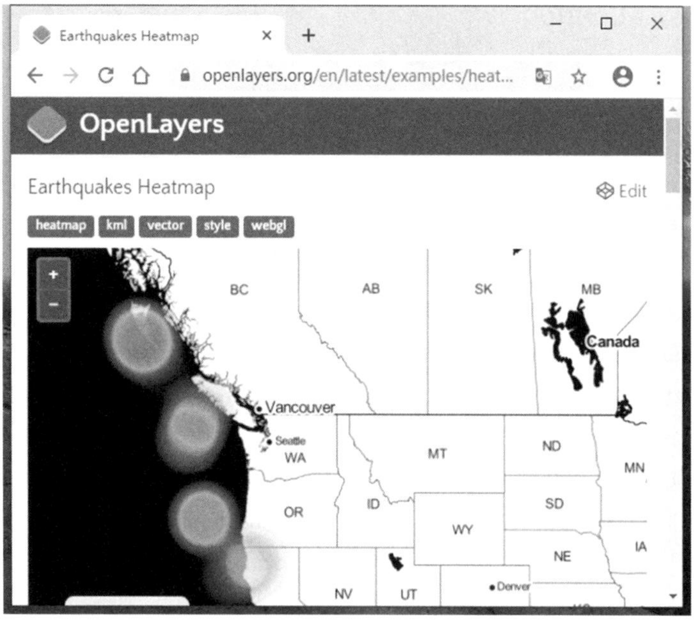

图 7.16　OpenLayers 的一个示例

在操作方面,OpenLayers 除了可以在浏览器中帮助开发者实现地图浏览的基本效果,如放大、缩小、平移等常用操作之外,还可以进行面选取、线选取、要素选择、图层叠加等不同的操作,甚至可以对已有的 OpenLayers 操作和数据支持类型进行扩充,为其赋予更多的功能。例如,它可以为 OpenLayers 添加 WPS 的操作接口,从而利用已有的空间分析处理服务来对加载的地理空间数据进行计算。

7.2.2.2 基本特征

(1) 支持瓦片图层。OpenLayers 支持从 OSM、Bing、MapBox、Stamen 和其他任何能找到的 XYZ 瓦片资源中提取地图瓦片并在前端展示;同时也支持 OGC 的 WMTS 规范的瓦片服务及 ArcGIS 规范的瓦片服务。

(2) 支持矢量切片(或者矢量瓦片)。OpenLayers 也支持矢量切片的访问和展示,包括 MapBox 中 pbf 格式的矢量切片,或者 GeoJSON 格式和 TopoJSON 格式的矢量切片。

(3) 支持矢量图层。能够渲染 GeoJSON、TopoJSON、KML、GML 和其他格式的矢量数据,上面说的矢量切片形式的数据也可以被认为是在矢量图层中渲染。

(4) 支持 OGC 规范。OpenLayers 支持 OGC 制定的 WMS、WFS 等 GIS 网络服务规范,能以 OGC 服务形式发布的地图数据加载到基于浏览器的 OpenLayers 客户端中进行显示。

(5) 运用前沿技术。利用 Canvas 2D、WebGL(Web Graphics Library)及 HTML5 中其他最新的技术来构建功能,如显示三维地图,同时支持在移动设备上运行。

(6) 易于定制和扩展。可以直接调整 CSS 来为地图控件设计样式,而且可以对接到不同层级的 API 进行功能扩展,或者使用第三方库来定制和扩展。

(7) 面向对象的思想。最新版本的 OpenLayers 采用纯面向对象的 ECMA Script 6 进行开发,可以说,在 OpenLayers 中万物皆对象。

(8) 优秀的交互体验。OpenLayers 实现了类似于 Ajax 的无刷新功能,可以结合很多优秀的 JavaScript 功能插件,带给用户更多丰富的交互体验。

7.2.2.3 框架结构

OpenLayers 遵循面向对象的思想进行设计,实现了各种十分强大的功能,它的框架体系也比较庞大。其中,Map、Layer、Source 和 View 是 OpenLayers 框架体系中的核心类,几乎所有的动作都围绕这几个核心类展开,以实现地图加载和相关操作。OpenLayers 把整个地图看作一个容器(Map),核心为地图图层(Layer),每个图层都有对应的数据源(Source),并由地图视图(View)控制地图表现,包括控制地图显示的中心位置、范围、层级等(图 7.17)。Source 和 Layer 是一对一的关系,有一个 Source,必然需要一个 Layer。

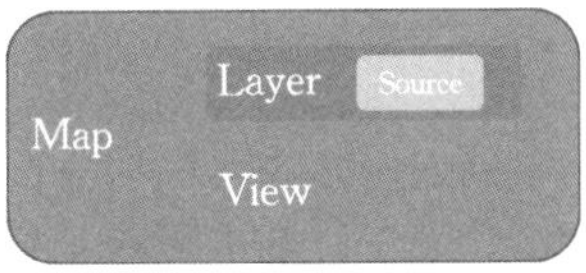

图 7.17 OpenLayers 框架结构

ol.source 的子类可以分为三种:ol.source.Tile、ol.source.Image 和 ol.source.Vector。ol.source.Tile 对应的是瓦片数据源,包括地图瓦片服务[如 OpenStreetMap、Bing、OGC 资源(WMS 或 WMTS)]、矢量数据(如 GeoJSON 格式、KML 格式)等。ol.source.Image 对应的是一整张图,而不是像瓦片那样有很多张图。ol.source.Vector 对应的是矢量地图源,包括点、线、面等常用的地图元素(Feature)。下面是一个实例(图 7.18)的代码:

```
<! doctype html>
<html lang="en">
<head>
```

```
        <link rel="stylesheet" href="https://cdn.jsdelivr.net/gh/openlayers/openlayers.github.io@master/en/v6.4.3/css/ol.css" type="text/css">
        <script src="https://cdn.jsdelivr.net/gh/openlayers/openlayers.github.io@master/en/v6.4.3/build/ol.js"></script>
        <title>OpenLayers example</title>
        <style>
            html,body,
            .map {height:100%;width:100%;margin:0px;padding:0px;}
        </style>
    </head>
    <body>
        <div id="map" class="map"></div>
        <script type="text/javascript">
            var map=new ol.Map({
                target:'map',
                layers:[
                    new ol.layer.Tile({
                            source:new ol.source.OSM()
                        })
                ],
                view:new ol.View({
                    center:ol.proj.fromLonLat([114.41,37.82]),
                    zoom:4
                })
            });
        </script>
    </body>
    </html>
```

图 7.18　一个简单的 OpenLayers 实例

7.2.3 3D展示系统Cesium

当前，三维虚拟仿真平台多以C/S (Client Server)为主。然而，C/S平台存在用户数受限、异地软件应用安装麻烦、数据同步困难等不足。相比于C/S平台，B/S (Browser Server)平台在安装部署、可用性、升级维护、设备带宽、软件学习推广等方面都具有较强的优势。如何结合快速发展的Web技术，实现带交互性能、实时渲染、分布式应用、多平台兼容的Web GIS仿真平台成为新研究发展方向。Web三维发展过程从早期的Java Applet到插件式的Flash、Java3D、X3D、Silverlight再到无插件式WebGL，再发展至最新的对三维图形程序一些常用功能进行封装的3D图形引擎，如Cesium、Three.js、Babylon.js等。插件式Web三维虚拟场景容易导致兼容性差、性能不稳定等问题，很大程度限制了Web三维程序的使用；单纯基于WebGL开发三维程序复杂费时且易出错。Three.js和Babylon.js倾向于基于Web的游戏开发，很少涉及三维地理信息，这里暂不讨论。Cesium的出现既解决了C/S三维仿真平台的以上不足，又解决了插件式Web三维兼容性差的问题，能满足数据快速传输、分享、实时交互操作，实现跨平台的要求，成为全新B/S三维地图引擎。

7.2.3.1 简介

Cesium由AGI公司于2011年创立，以其易用性、实用性获得越来越多行业人士的青睐，并服务于地理空间和石油天然气、农业、房地产、娱乐和体育行业。Cesium是一个基于JavaScript编写的使用WebGL来进行硬件加速图形化的地图引擎，支持3D、2D、2.5D(哥伦布视图)形式的地图展示(图7.19)，可以集成不同的数据源，实现多种数据的三维可视化，也支持电脑、手机、平板等跨平台跨浏览器多终端设备。

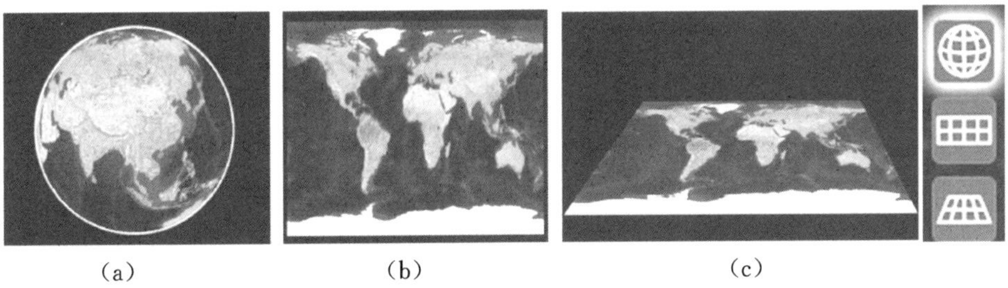

图7.19 Cesium三种视图

(a) 3D;(b) 2D;(c) 2.5D

同时，Cesium使用CZML支持动态时序数据的展示，包括三维模型的动画、事物随时间的变化和昼夜更替模拟。CZML是一种用来描述动态场景的JSON架构的语言，主要用于Cesium在浏览器中的展示。它可以用来描述点、线、布告板、模型及其他的图元，同时定义它们是怎样随时间变化的。Cesium拥有一套富客户端API，通过CZML采用数据驱动的方式，不用写代码就可以使用通用的Cesium viewer构建出丰富的场景。Cesium与CZML的关系就如同Google Earth和KML的关系。CZML和KML都是用来描述场景的数据格式，可以通过很多其他的程序自动生成，或者手写也可以。另外，Cesium对Ajax所提供的功能进行了再封装，实现了异步请求服务器端海量地理空间数据的功能。

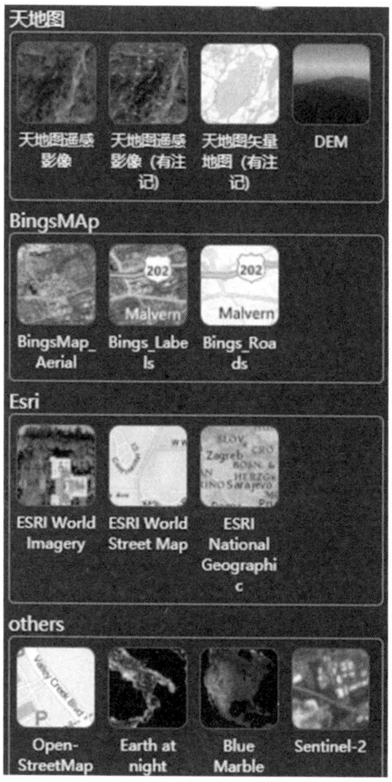

图 7.20　Cesium 支持的两类数据

7.2.3.2　支持的数据模型

Cesium 支持的数据包括地形数据和专题数据(图 7.20)。其中,地形数据包括数字高程模型和影像,是 Cesium 最底层的数据图层;专题数据是具体的业务信息,包括建筑物、道路等。

(1) 数字高程数据

Cesium 中的地形系统是一种支持流式瓦片数据生成地形的技术,它支持两种类型的地形:STK World Terrain 和 Small Terrain。AGI 提供现成 STK World Terrain 数据,对于网络访问便捷的用户,此数据为首选方案;对于访问受限用户而言,可利用工具将现成的 DEM 数据切片生成 Small Terrain,保证地形数据加载。

STK World Terrain 是高分辨率、基于 TIN 三角网的地形,可充分利用 GL 中的 Shader 来渲染,效果逼真[图 7.21(a)]。STK 存放目录为金字塔结构,通过 HTTP 请求地形的层级(放大级别)、坐标值获取对应的 STK 数据,服务器向客户端返回结果进行地形展现。Small Terrain 是中等高分辨率,基于 heightmap,渲染出的地形效果不如 quantized mesh,但也基本体现原有数据精度。

(2) 影像数据

Cesium 支持的影像服务类型主要包括 WMS、WMTS、TMS、GoogleMaps、BingMaps 和 OpenStreetMap 等[图 7.21(b)],对不同服务提供不同 ImageryProvider 方式,可满足用户的不同需求。

(a)　　(b)

图 7.21　Cesium 支持的数据

(a) Cesium 展示的地形数据;(b) 影像数据

(3) 专题三维数据

① Cesium 加载的 3D 模型支持 glTF 格式和 bglTF 两种格式。glTF 是使用 JSON 组织 3D 场景和模型的文件格式;bglTF 是二进制格式的 glTF 扩展,减小了数据的大小,提升

了网络传输速度。

② Cesium 3D Tiles 是基于 glTF 格式和 LOD 结构的、专为 3D 数据流式传输和场景渲染而设计的一种格式，涉及地形、影像及流式 3D 内容，包括树木、建筑物、点云和矢量数据。

③ 建筑信息模型(Building Information Modeling，BIM)具有充分表达信息、建筑全生命周期、三维可视化技术、协同作业的特点。将 BIM 模型加载到 Cesium 系统中，能有机结合模型内部结构、外部虚拟化场景与地理环境，实现大场景与精细化室内场景的完美结合，极大地拓展了 BIM 的工程领域广度和深度。图 7.22 所示为 Cesium 加载的 BIM 模型。

图 7.22　Cesium 加载的 BIM 模型

(4) 矢量数据

Cesium 引擎支持 topoJSON、GeoJSON 和普通的 JSON 格式及 KML 格式矢量数据的加载，图 7.23 所示为 Cesium 加载的道路效果。

图 7.23　Cesium 加载的道路效果

7.2.3.3 功能

(1) Cesium 可以展示多种地图，除了默认已有的 BingMaps、OpenStreetMap、ESRI 等地图之外，也可以通过 URL 调用天地图、百度地图等其他在线地图；这些地图既可以单独展示，也可以进行叠加展示。Cesium 支持的地图标准有 WMS、TMS (tile map servcie 切片地图服务)、WMTS。

(2) Cesium 能够对全球高分辨率地形及与水流相关的海洋、河流、湖泊等水面进行渐进流式处理和可视化，还可以添加地形照明效果和水体效果。Cesium 自身会提供高分辨率的世界地形数据，也可以加载其他的地形数据。

(3) Cesium 可以根据经纬度坐标绘制点、线、面、几何体，并添加一定的纹理图案进行美化，或者添加注记、广告牌等。在绘制几何体时可以将多个几何体组合成一个单一的几何体，从而减轻 CPU 的负担，同时又可以单独对几何体进行修改，方便灵活。贴到几何体中的纹理既可以是自己设计的，也可以通过 URL 引用外部图案。

(4) Cesium 目前支持 glTF 和 bglTF 两种格式的三维模型，它还支持三维模型所包含的关键帧动画、骨骼(skinning)动画的展示及模型节点的拾取。其中，动画的播放速度和 cesium 自身的时钟速度是一致的，可以进行控制、调整。Cesium 也提供在线工具，将 dae 文件转换为 glTF 格式数据。

(5) Cesium 在加载 3D 数据时所支持的格式为 3D Tiles，它是在 glTF 数据格式基础上加入 LOD 结构后，专门为大量地理 3D 数据流式传输和海量渲染而设计的一种格式。在 Cesium 中可以通过 URL 从远程服务器上加载，也可以从本地数据中加载。三维倾斜模型、人工建模、BIM 模型等数据都可以转换成 3D Tiles 格式的数据进行加载。

(6) 场景模拟。Cesium 不仅可以通过粒子系统模拟火焰、烟雾等场景，还可以模拟雨、雪等天气情况，或者根据太阳的位置变化模拟日照变化，从而更加真实地模拟相关场景。

(7) Cesium 可以通过控制相机(camera)的位置、视角等属性和通过设计多个指定的飞行路径来进行动态展示。

思 考 题

讨论 1:图形能采用文本描述吗?

讨论 2:本章的哪些知识对应于互联网的哪些思维?

作业 1:SVG 如何应用于网络地图的表达?

作业 2:2D 和 3D 的网络展示系统有哪些?

思政 1:专业知识图谱与思政元素知识图谱如何进行同屏共显?

8 Web GIS服务

本章主要联系的课程："GIS工程"。

地理信息服务体现一切都是服务的新思维，必然导致从面向数据到面向服务、从面向数据重用到面向功能重用、从面向数据格式转换标准到面向服务接口标准、从面向专业用户到面向大众用户的转变，这正是目前研究与推行的网络服务模式和网格服务（新一代网络，Grid Service）模式，其基本特点是：数据、功能、计算资源、知识资源、卫星传感器网、物联网和云计算平台等都是呈分布式位于网络/网格节点上，实现资源共享与协同工作，利用面向应用的服务聚合方式为各类用户提供个性化的服务，彻底改变"一个用户一个系统"的传统服务理念，是一种新的地理信息服务生成模式。

8.1 Web服务概念

8.1.1 面向服务架构

面向服务的体系结构（Service Oriented Architecture，SOA）在21世纪初随着分布式计算的发展而出现。在SOA之前，服务被理解为应用程序开发过程的最终结果。在SOA中，服务是可以响应请求的任何远程可用资源，应用程序本身由服务组成。服务可以单独交付，也可以作为组件组合到更大的复合服务中。

8.1.1.1 SOA的概念

SOA是一个组件模型，它将应用程序的不同功能单元（称为服务）通过定义良好的接口和契约联系起来。接口是采用中立的方式进行定义的，它应该独立于实现服务的硬件平台、操作系统和编程语言。这使得构建在各种各样的系统中的服务可以以一种统一和通用的方式进行交互。这种具有中立的接口定义（没有强制绑定到特定的实现上）的特征称为服务之间的松耦合。松耦合系统的优点有两点：一是灵活；二是当组成整个应用程序的某个服务组件的内部结构和实现方式发生改变时，按需修改相关的服务组件即可，其他组件的使用不受干扰。

虽然SOA不是一个新鲜事物，但它却是更传统的面向对象的模型的替代，面向对象的模型是紧耦合的。虽然基于SOA的系统并不排除使用面向对象的设计来构建单个服务，但是其整体设计却是面向服务的。由于它考虑到了系统内的对象，所以虽然SOA是基于对象的，但是作为一个整体，它却不是面向对象的。

总之，SOA是一种"如何将软件组织在一起"的抽象概念，依赖于用XML和Web服务实现并以软件的形式存在的更加具体的观念和技术。

8.1.1.2 特征

① 可重用,一个服务创建后能用于多个应用和业务流程。

② 松耦合,服务请求者到服务提供者的绑定与服务之间应该是松耦合的。因此,服务请求者不需要知道服务提供者实现的技术细节,例如程序语言、底层平台等。

③ 明确定义的接口,服务交互必须是明确定义的。服务请求者不知道也不关心服务究竟是由哪种程序设计语言编写的。

④ 无状态的服务设计,服务不应该依赖于其他服务的上下文和状态。

⑤ 基于开放标准,当前 SOA 的实现形式是 Web 服务,基于的是公开的 W3C 及其他公认标准。采用第一代 Web 服务定义的 SOAP、WSDL 和 UDDI 及第二代 Web 服务定义的 WS-* 来实现 SOA。

8.1.1.3 SOA 的实现

SOA 和 Web 服务经常合并在一起,但是它们不是一回事。

① SOA 不是 Web 服务,而是一种架构模式。

② Web 服务是利用一组标准规范实现的服务,是实现 SOA 的方式之一,也是目前最适合实现 SOA 的技术。特别是 Web 服务中的 WSDL,是一个 SOA 配套的接口定义标准,这是 Web 服务和 SOA 的根本联系。

前面介绍过 RIA 架构,它用于呈现富用户界面,而服务器端则可以采用 SOA 提供的服务,从而形成一种新的 B/S 模式,即 RIA+SOA。

8.1.2 Web 服务

在 Web 应用的不断发展中,人们发现在 Web 应用和传统桌面应用(如桌面 GIS、办公自动化系统)之间存在连接鸿沟,人们不得不将数据在 Web 应用和传统桌面应用之间进行频繁转换,这成为 Web 应用进入主流工作流的一个巨大障碍。从 1998 年开始发展的 XML 技术及其相关技术(如 Web 服务)已证明可以解决这个问题。

8.1.2.1 Web 服务的概念

Web 服务顾名思义是一种提供服务的形式,而且只能通过 http(web)来提供服务。它是在现有的各种异构平台基础上,构筑一个通用的、与平台和语言无关的技术层,以实现不同平台的应用彼此连接、集成与互操作。这样,运行在不同机器上的不同应用无须借助附加的、专门的第三方软件或硬件,就可相互交换数据或集成;依据 Web 服务规范实施的应用之间,无论它们所使用的语言、平台或内部协议是什么,都可以相互交换数据。Web 服务减少了应用接口的花费,为整个企业甚至多个组织之间的业务流程的集成提供了一个通用机制。

Web 服务与传统 Web 应用的差异在于:传统 Web 应用技术解决的问题是如何让人来使用 Web 应用所提供的服务,服务被理解为应用程序开发过程的最终结果;Web 服务解决的问题是如何让计算机系统来使用 Web 应用所提供的服务,Web 服务可以单独交付也可以作为组件组合到更大的复合服务中。

Web 服务体系结构基于服务生产者、服务注册中心和服务消费者之间的交互(图 8.1)。服务提供者在服务注册中心发布 Web 服务描述语言 WSDL;服务请求者使用注册中心的

UDDI 注册服务来搜索其所需的 Web 服务，并将该 Web 服务和本部门当前的应用绑定，以实现空间数据与操作的共享。

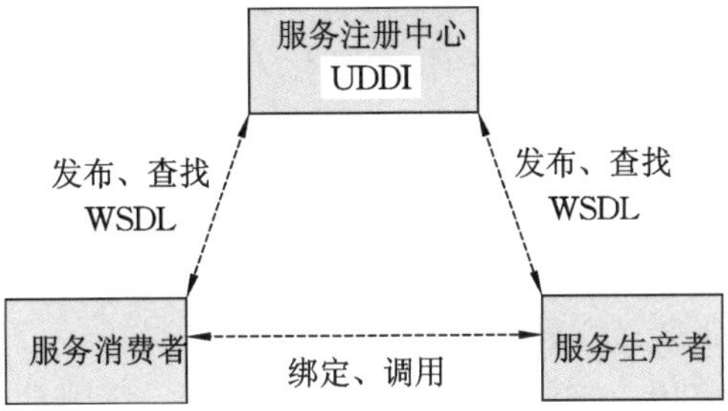

图 8.1 Web 服务构架

8.1.2.2 Web 服务的技术

(1) WSDL

一个 XML 格式文档，用以描述服务端口访问方式和使用协议的细节，通常用来辅助生成服务器和客户端代码及配置信息。WSDL(Web 服务描述语言，Web Services Description Language)是为描述 Web 服务发布的 XML 格式。WSDL 描述 Web 服务的公共接口，是一个基于 XML 的关于如何与 Web 服务通信和使用的服务描述，也就是描述与目录中列出的 Web 服务进行交互时需要绑定的协议和信息格式。通常采用抽象语言描述该服务支持的操作和信息，使用的时候再将实际的网络协议和信息格式绑定给该服务。

(2) UDDI

UDDI 是统一描述、发现和集成(Universal Description，Discovery，and Integration)的缩写，是一个基于 XML 的跨平台的描述规范，可以使世界范围内的企业在互联网上发布自己所提供的服务。UDDI 的目的是为电子商务建立标准。UDDI 是一套基于 Web 的、分布式的、为 Web 服务提供信息注册中心的实现标准规范；同时也包含一组使企业能将自身提供的 Web 服务注册，以使别的企业能够发现的访问协议的实现标准。

8.1.2.3 基本特征

就技术角度而言，Web 服务是对象/组件技术在 Inetmet 上的延伸，它具备以下特征：

① 完好的封装性。Web 服务具备良好的封装性，服务使用者能且仅能看到该 Web 服务所提供的接口。

② 松散耦合。当一个 Web 服务的实现发生变更的时候，只要其调用界面不变，对服务的调用者不会有任何影响。也就是说，只要 Web 服务的调用接口不变，Web 服务的实现的任何变更对服务调用者来说都是透明的，甚至是当 Web 服务的实现平台从 J2EE 迁移到 .NET或者是相反的迁移流程，服务的用户都对此一无所知。

③ 使用标准协议规范。Web 服务使用开放的标准协议进行描述、传输和交换，这些协议具有完全免费的规范，以便由任意方进行实现。

④ 高度可集成能力。Web 服务是可组合的，可以用简单的服务构建更复杂的服务。由于 Web 服务采取简单的、易理解的标准协议作为服务接口描述和协同描述规范，完全屏蔽

了不同软件平台的差异，因此可以在不同平台间进行互操作，实现了在当前环境下最高的可集成性。

⑤ Web 服务是比组件更高层的架构(抽象)。Web 服务并不是面向对象方法和基于组件方法建立企业应用的替代品，而是一种比组件技术更高层的抽象。组件技术通常是多个组件一起共同提供企业所需的某项功能，而 Web 服务通常针对企业范围内一个处理流程提供整体的业务解决方案。Web 服务由组件构成，一个(或几个)组件会暴露在服务接口中。

8.1.2.4 应用

① 用于空间数据的共享，如 Web 地图服务。

② 用于 GIS 软件的复用。GIS 技术经过长期的发展，特别是近年来的长足进步，已经积累了大量的基础软件及应用软件。这些软件在功能、编程方法、接口、界面等方面不同，如何复用这些软件是实现功能更强的软件或快速实现一个应用系统的重要问题。Web 服务系统为软件的复用和管理提供了一种技术支持，如将现有 GIS 系统中的功能通过分解、重组和规范化以提供 Web 服务接口。

③ 用于系统的集成。

8.1.3 实现方式

Web 服务技术也一直处于发展之中，从绑定与调用的角度先后经历了 XML-RPC、SOAP 和 REST 三个阶段。

(1) XML-RPC

RPC(Remote Procedure Call，远程过程调用)，是一种通过网络从远程计算机程序上请求服务。在相互协作的计算机之间，需要使用特定的协议支持，如 TCP 或 UDP。RPC 采用客户机/服务器模式，请求程序就是一个客户机，而服务提供程序就是一个服务器。首先，客户机调用进程发送一个有进程参数的调用信息到服务进程，然后等待应答信息。在服务器端，进程保持睡眠状态直到调用信息到达为止。当一个调用信息到达时，服务器获得进程参数，计算结果并发送答复信息，然后等待下一个调用信息。最后，客户端调用进程接收答复信息，获得进程结果，然后调用执行继续进行。

早期的 Web 服务方法起源于 1998 年发布的 XML-RPC 技术。XML-RPC 提供了一种简单的机制，使处于不同环境下的应用之间可以通过互联网来进行远程过程调用。它采用 XML 作为编码标准，HTTP 为传输协议。XML-RPC 通过 HTTP 请求向 PRC 服务器提交请求，通过 HTTP 获得 RPC 的调用结果。后来，IBM、Microsoft 等共同在此基础上提出了 Web 服务的概念，并制定了一系列服务调用、发布、集成的协议，使 Web 服务成为新一代的系统集成方法。XML-RPC 没有相应的服务描述语法，这妨碍了 XML-RPC 服务的自动调用。XML-RPC 已经慢慢被 SOAP 取代。

(2) SOAP

之后为了标准化，跨平台又产生了基于 SOAP(Simple Object Access Protocol，简单对象访问协议)的消息通信模型。SOAP 是在 XML-RPC 基础上，使用标准的 XML 描述 RPC 的请求信息(URI/类/方法/参数/返回值)。XML-RPC 只能使用有限的数据类型和一些简单的数据结构，SOAP 则能支持更多的类型和数据结构。SOAP 的优点是跨语言，非常适合异步通信和针对松耦合的 C/S。

基于 SOAP 的 Web 服务将应用逻辑封装起来，对于用户只提供标准接口。对于客户端而言，服务器上的数据和应用逻辑是透明的，因此它能够灵活组织网络资源，较好地解决地图共享问题。但随着时间的推移和 SOAP 的推广，SOAP 的一些缺陷也不断暴露。虽然 SOAP 使得进程间通信变得简单易用，但并不是每个厂商都愿意将自己的老系统再升级为支持 SOAP 的系统，而且对于 SOAP 的解析也并不是每种语言都内置支持，比如 JavaScript。

(3) REST

为了解决这些问题，HTTP 协议重回开发者的视野。HTTP 是世界上已经存在的一个最为开放、最为通用的应用协议，通过设计一种使用 HTTP 协议来完成服务端与客户端通信的方法，可以完美解决 SOAP 的问题。至此，REST 应运而生。REST 采用简单的 URL 方式来代替一个对象，优点是轻量、可读性较好、不需要其他类库支持；缺点是 URL 可能会很长，不容易解析。

REST(Representional State Transfer，表征状态转移)，采用 Web 服务使用标准的 HTTP 方法 (GET/PUT/POST/DELETE) 将所有 Web 系统的服务抽象为资源。REST 不是一种协议，它是一种架构，是一种针对网络应用的开发方式，可以降低开发的复杂性，提高系统的可伸缩性。REST 从资源的角度来观察整个网络，分布在各处的资源由 URI 确定，而客户端的应用通过 URI (Universal Resource Identifier)来获取资源的表征。HTTP 协议所抽象的 GET/PUT/POST/DELETE 就好比数据库中最基本的增、删、改、查 CRUD，而互联网上的各种资源就好比数据库中的记录。对于各种资源的操作，最后总是能抽象成这四种基本操作。

满足这些约束条件和原则的应用程序或设计就是 RESTful，它包括：

① 客户端-服务端：客户端和服务器之间隔离，服务器提供服务，客户端进行消费。

② 无状态：从客户端到服务器的每个请求都必须包含理解请求所必需的信息。换句话说，服务器不会存储客户端上一次请求的信息用来给下一次使用。无状态请求可以由任何可用服务器回答，这十分适合云计算之类的环境。

③ 可缓存：服务器必须明示客户端请求能否缓存，缓存可改进性能。

④ 分层系统：客户端和服务器之间的通信应该以一种标准的方式进行，就是中间层代替服务器做出响应的时候，客户端不需要做任何变动。

⑤ 统一的接口：服务器到客户端的通信方法必须是统一的。

⑥ 按需编码：服务器可以提供可执行代码或脚本，使得客户端在它们的环境中执行。这个约束是唯一一个可选的。

(4) 对比

REST 基于 HTTP 协议，而 SOAP 基于任何传输协议，诸如 TCP、HTTP、SMTP 等。总体上，RPC 面向方法，就是在另外一台服务器上有一段代码(函数)可以通过网络远程调用它，像调用本地服务(方法)一样调用服务器的服务(方法)；SOAP 面向消息；REST 面向资源。REST 相比于 SOAP 及 XML-RPC 更加简单明了，它倾向于用更加简单轻量的方法设计和实现。

8.2 Web 空间数据服务关键技术

8.2.1 GeoServer

GeoServer 是 OpenGIS Web 服务器规范的 J2EE 实现,其技术核心是整合了颇负盛名的 JavaGISolkit——GeoTools。利用 GeoServer,用户可以很方便地发布、共享地理数据,对地理数据进行更新、删除、插入操作。由于它是纯 Java 的,所以更适合于复杂的环境要求;而且由于它的开源,所以开发者可以基于 GeoServer 灵活实现特定的目标要求。GeoServer 被部署在应用服务器中,简单的如 Tomcat 等;它的 WMS 和 WFS 组件响应来自于浏览器或 uDig 的请求,访问配置的空间数据库,如 PostGIS、OracleSpatial 等,产生地图和 GML 文档传输至客户端。

(1) 主要特征

① 兼容 WMS 和 WFS 特性。

② 在空间数据方面,支持 PostgreSQL、ESRI Shapefile、ArcSDE、Oracle、VPF、MySQL、MapInfo。

③ 支持上百种投影。

④ 能够将网络地图输出为 jpeg、gif、png、SVG、KML 等格式,支持矢量和栅格瓦片。

⑤ 能够运行在任何基于 J2EE/Servlet 开发的框架上。

⑥ 嵌入 MapBuilder 支持 Ajax 的地图客户端 OpenLayers。

(2) 安装和发布 WMS/WFS/WCS 等服务

在 GeoServer 官网下载安装包,并部署到 Web 服务器(如 Tomcat)中。发布服务最重要的工作是创建工作区和数据存储(图 8.2)。

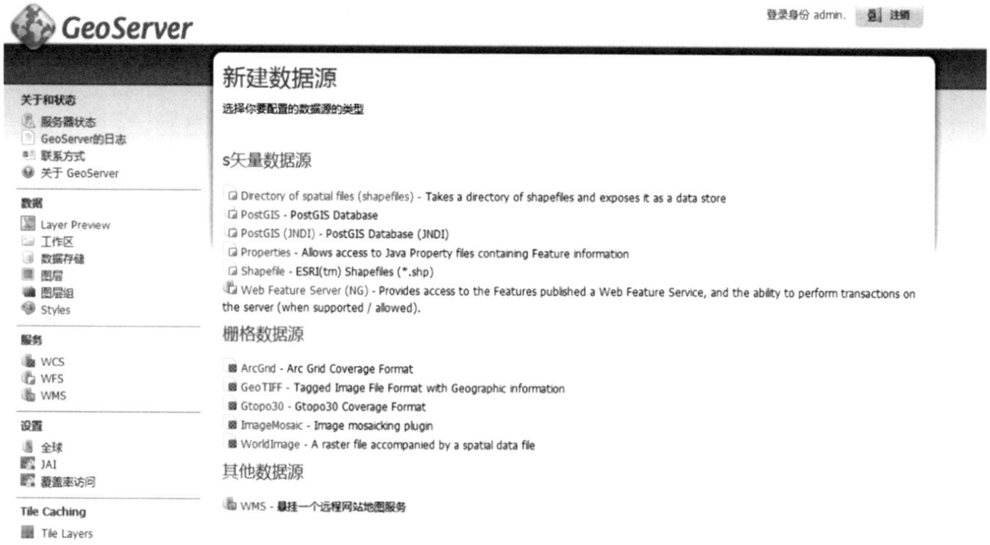

图 8.2 创建数据存储

GeoServer 遵循 WMS 标准,可以创建各种输出格式的地图。一个免费的地图库 OpenLayers 已集成到 GeoServer 中,从而使地图生成快速简便。GeoServer 是一个模块化应用程序,能扩展添加新功能。

(3) GeoServer 发布数据与 OpenLayers 地图展示

OpenLayers 能展示通过 URL 引用的 GeoServer 发布的数据(图 8.3)。其中,底图数据为栅格瓦片的遥感影像;专题数据为矢量瓦片的道路网。

图 8.3 OpenLayers 加载 Geoserver 发布的数据

(4) GeoServer 发布数据与 Cesium 三维展示

除了 OpenLayers,其他支持 WMS、WMTS、WFS 等服务的软件也可以加载 GeoServer 发布的数据。

8.2.2 基于位置服务

基于位置的服务(Location Based Services,LBS),是利用各类型的定位技术来获取定位设备当前所在位置,通过移动互联网向定位设备提供信息资源和基础服务,如地图导航。LBS 服务中融合了移动通信、互联网络、空间定位、位置信息、大数据等多种信息技术,利用移动互联网络服务平台进行数据更新和交互,使用户可以通过空间定位来获取相应的服务。

8.2.2.1 定义

LBS 是指围绕地理位置数据而展开的服务,其由移动终端使用无线通信网络(或卫星定位系统),基于空间数据库获取用户的地理位置坐标信息并与其他信息集成,以向用户提供所需的与位置相关的增值服务。

服务提供商获得移动对象的位置以后,用户可以进行与该位置相关的查询。LBS 是将移动通信技术和定位技术相结合而提供与位置有关的一种增值服务,用户通过使用移动设备的定位技术来获得自身的地理位置,LBS 根据用户的位置信息、查询信息及通过网络为用户提供与位置相关的各种服务。

8.2.2.2 特点

(1) 覆盖范围广。对于 LBS 服务体系，企业一方面要求定位服务需要覆盖足够大的范围，另一方面要求一定要将室内也进行全覆盖，这是因为 LBS 的设备或者用户大部分时间都是处于室内的，所以需要保证可以对每个角落进行覆盖。根据 LBS 定位系统覆盖的范围，大致可分为三种定位服务：整个本地网、覆盖部分本地网、提供漫游网络服务类型。

(2) 定位精度高。根据不同用户的需求提供不同程度的精确服务，并为用户选择精确度提供便利，这是手机定位的一种优势。

(3) 操作简便。LBS 功能主要基于 Web 服务器和 LDAP 服务器之上。

(4) 应用广泛。LBS 包含很多内容，多个行业、多个领域都在应用 LBS 服务，可以根据服务对象的特点分为：家庭应用、行业应用、公共安全应用、运营商内部应用。

8.2.3 Ajax 异步传输技术

Ajax 一词最早在 2005 年由 Adaptive Path 公司的 J.J.Garrett 在他的文章 *Ajax：A New Approach to Web Applications* 中提出。严格地讲，Ajax 并不是一门新技术，而是一种技巧，是对现有 Web 技术的一种综合应用，Ajax 的核心是基于 XMLHTTPRequest 的异步请求机制，这些技术在 Ajax 这个词出现前就得到了应用，但一直没有得到足够的重视。

8.2.3.1 Ajax 结构

Ajax 只是一种使用户有更好的用户体验的技术。随着 Google 等的成功应用，Ajax 极大地扩展了 Web 浏览器的潜力，打破了使用页面重载的惯例技术组合，带来了更好的用户体验，使得传统 B/S 方式的 Web 应用焕发新的活力。

根据 Garrett 的定义，Ajax 是 Asynchronous JavaScript＋XML 的简写。Ajax 技术包括以下内容：

① 使用基于 XHTML 和 CSS 标准的表示方法；

② 使用 DOM 进行动态显示和交互；

③ 使用 XML 和 XSLT 进行数据交换和操作；

④ 使用 XMLHTTPRequest 与服务器进行异步通信；

⑤ 使用 JavaScript 绑定以上技术。

XMLHTTPRequest 是 Ajax 技术体系中最为核心的技术，缺少了它，Ajax 的其余技术就无法成为一个有机的整体。在计算机科学中，可扩展样式表转换语言(Extensible Stylesheet Language Transformations，XSLT)是一种样式转换标记语言，可以将 XML 数据转换为另外的 XML 或其他格式，如 HTML 网页、纯文字。XSLT 最末的 T 字母表示英语中的“转换”(transformation)，它是 XSL 规范中的一部分，目前最新的建议版本为 XSL 3.0。以 XSLT 进行格式转换并不会变动原始的数据文件，而会以现有数据产生新的内容格式。

1999 年上半年，微软(Microsoft)在 IE 5.0 版中首次支持这种技术，微软是通过一个名为 XMLHTTP 的 ActiveX 对象来支持这种技术的。XMLHTTP 对象使得页面中的脚本具有在不刷新页面的情况下直接与服务器通信的能力。在此之前，能够做到这件事的唯一技术是 IFrame，然而这超越了 IFrame 最初设计的目标，是一种存在潜在危险的做法。于是微软就发明了 XMLHTTP 对象，专门用来为浏览器中的脚本(在 IE 中就是 JScript 和

VBScript)提供这样的服务器通信能力。

Mozilla 在 2000 年实现了具有相同接口的原生对象,称作 XMLHTTPRequest 对象。后来 Opera、Safari 等浏览器也都相继实现了 XMLHTTPRequest 对象。现在 XMLHTTPRequest 是这个技术的正式名称。

8.2.3.2 Ajax 原理

Ajax 的工作原理就是相当于在传统 Web 应用程序模型即 B/S 模型[图 8.4(a)]之间加了一个中间层,使用户操作与服务器响应异步化。而这一中间层所要做的工作都是由 Ajax 引擎(Ajax engine)来完成的[图 8.4(b)]。实际上,Ajax 引擎就是一些复杂的 JavaScript 程序,这些程序通过调用 XMLHTTPRequest 对象的属性和方法来与服务器端进行数据交互,然后再通过 DOM 来解析处理 XML 文档和部分更新 HTML 页面的内容。

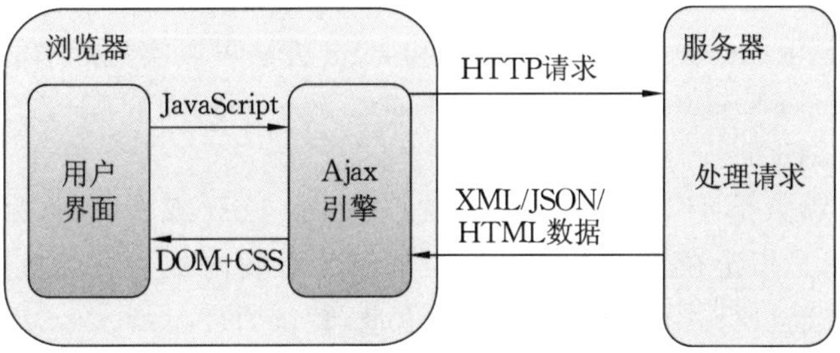

(a)

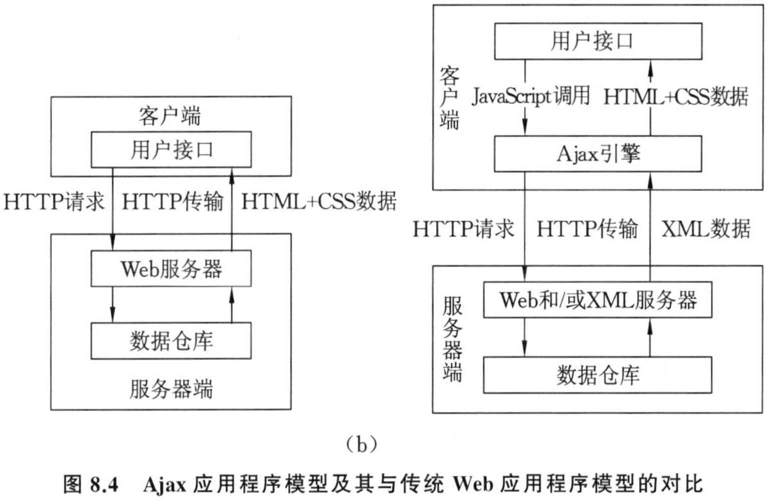

(b)

图 8.4 Ajax 应用程序模型及其与传统 Web 应用程序模型的对比

当用户通过浏览器提交请求时,请求数据将发送给 Ajax 引擎。Ajax 引擎捕获用户输入的请求数据后再向服务器发送请求,此时,浏览器不用等待服务器的响应,因此用户可以继续输入数据。同时,用户屏幕也不会闪烁、消失或延迟。服务器处理完用户请求之后,返回处理结果并改变 HTTP 就绪状态,一旦 HTTP 的就绪状态发生改变,Ajax 引擎就会调用相应的回调函数来接收这些处理结果并将它们更新到页面的指定部分,浏览器无须刷新整个页面就能更新页面的部分内容,这样就会让用户感觉到应用程序是立即完成的,使得 Web 浏览器看起来就像是即时响应的桌面应用程序一样。

8.2.3.3 Ajax 的工作流程

(1) 创建 XMLHTTPRequest 对象。如前所述，Ajax 的核心是 JavaScript 中的 XMLHTTPRequest 对象，因此，首先应当创建 XMLHTTPRequest 对象。以下代码显示了如何创建一个 XMLHTTPRequest 对象：

```
if (window.XMLHTTPRequest) {
xmlhttprequest=new XMLHTTPRequest( );
}
else if (window.ActiveXObject) {
xmlhttprequest=new ActiveXObject("Microsoft.XMLHTTP");
}
```

(2) 向服务器端发送请求。在创建 XMLHTTPRequest 对象后，就要向服务器端发送请求了。XMLHTTPRequest 对象中的 open 和 send 方法可以实现此功能：

```
XMLHTTPRequest.open(String method,String URL，boolean asynchronous)
XMLHTTPRequest.send( )
```

open 的第一个参数是 HTTP 请求的方法，为 Get、Post 或者 Put；第二个参数是目标 URL；第三个参数只是指定在等待服务器返回信息的时间内是否继续执行下面的代码，如果为 True 则不会继续执行并直到服务器返回信息，默认为 True。

(3) 服务器处理完请求后，调用回调函数。

(4) 回调函数解析服务器端返回处理结果并将它们更新到页面指定部位。

8.2.3.4 Ajax 的特点

(1) Ajax 的优势

在传统 Web 应用程序中，Web 站点强制用户进入提交/等待/重新显示范例，用户的动作总是与服务器的“思考时间”同步，即用户操作 Web 页面发出交互请求后，整个 Web 页面都将被提交，用户只有等待 Web 服务器对请求响应完毕，重新加载整个 Web 页面后才能进行新的交互操作[图 8.5(a)]。通常仅仅为了向 Web 服务器提交很少的信息都需要中断用户操作，提交和刷新整个页面，这样会增大网络的通信量，用户需要花较长时间等待“白屏”消失和新页面的呈现，降低了 Web 应用程序的执行效率和交互性。

Ajax 提供与服务器异步通信的能力，从而使用户从请求/响应的循环中解脱出来，用户操作 Web 页面发出交互请求后，无须等待应答，浏览器继续显示同一页面并且允许用户进行交互操作，而不会出现白屏现象[图 8.5(b)]。Ajax 的最大优点就是能在不更新整个页面的前提下维护数据，避免了在网络上发送那些没有改变过的信息。

(2) Ajax 的局限性

Ajax 具有减少数据通信量，使 Web 浏览器与 Web 服务器工作异步化的优势，但这同时也限制了它的应用范围和适用条件。Ajax 适用于 Web 浏览器与 Web 服务器通信时序性不强的情况。如果两者之间的交互要求具有严格的时序性，即不同操作间具有严格的先后顺序，此时要限制 Ajax 的异步性。解决这个问题，可以通过设定 Ajax 的 open 方法中的连接方式参数，关闭其异步性。

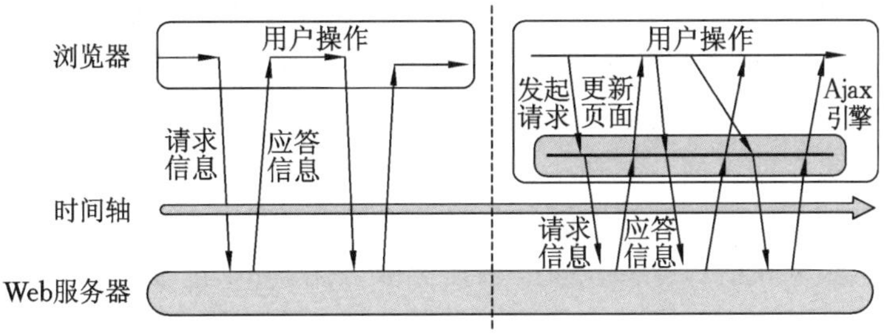

(a)　　　　(b)

图 8.5　传统 Web 应用和 Ajax Web 应用中用户交互过程

8.2.3.5　基于 Ajax 的地图发布

Ajax 引擎是地图服务的核心，完成地图发布需要完成的工作主要有：

① 生成浏览器地图容器，并控制其各项属性。

② 事件监听：监听用户对地图的各项操作，并触发预设计的可能的处理函数。

③ 控制地图：响应用户对地图的各项操作，如放大、缩小、漫游等，以异步方法多线程向服务器请求地图。

④ 监控服务器返回状态，得到地图图片或 XML 数据，并将之正确地放置在浏览器地图的适当图层和位置。

⑤对已读取得的地图贴片进行缓存处理，对该图片的下次请求不再发往服务器，而是直接利用缓存，这大大增加了地图浏览速度。

基于 Ajax 的地图发布涉及如下关键技术：

(1) 离散地图缩放级别

Internet 上的地图服务面向的用户主要为普通民众，他们希望能够尽可能详细地浏览地图，但用户对地图的任意比例缩放要求并不大，也就是说地图不一定要是可以连续缩放的。相反，在一定的范围内，提供足够多的离散的缩放级别，按从大到小的顺序逐渐提供从概略到详细的地图服务，这在一定程度上也是可以满足用户要求的。而且，对每个缩放等级都预先定义好相应的比例尺与之对应。正是这些预先定义好的离散的缩放级别为后面将要介绍的地图分块提供了可行性。

(2) 地图分块和浏览器缓存

基于 Ajax 技术，客户端可以与服务器进行异步多线程的数据交互。为充分利用这个技术特点，可以采用地图分块技术。

首先，将浏览器地图容器分割成尺寸为 256×256 像素大小的若干正方形地图方块，每个地图方块都处在该地图容器的地理环境中，即拥有一定的具体参数(如缩放级别、行列数)，通过算法由 Ajax 引擎根据这些参数分别向服务器请求地图图片来填充。由 Ajax 引擎负责这些地图方块的无缝拼接、整体移动和地图填充。当用户进行地图操作时(如平移、放大、缩小)，Ajax 引擎根据一定的算法计算出需要重新加载的小块地图，并异步多线程地向服务器发出请求。最后，当地图贴片传回用户端时，再由 Ajax 引擎无刷新、无缝地拼接成用户浏览器界面中的大地图；并且利用浏览器缓存，如果已经取得该小块地图，下次使用时则不用向服务器再次请求，直接利用缓存中的图片就行。

以地图漫游为例具体说明。用户可以用鼠标拖曳地图来进行地图漫游，Ajax 引擎控制各个地图方块作为整体随着鼠标拖拽方向而移动，如果移动得足够远，要显示一些新的区域时，这些区域的小块地图图片将会被异步加载。在地图的更新过程中，用户可以继续移动地图进行漫游，触发更多的更新。这些小块的地图在用户的会话过程中会被浏览器缓存起来，这使得当其回到以前曾经访问过的地图时，显示速度会非常快。

值得注意的是，分块的大小并没有一般性标准可循，可以按任意规则分块，但在应用中则不得不考虑某些实际问题，比如方便程度、效率、磁盘读/写等。一幅图像分块的多少对显示速度有直接的影响，块数一般根据具体情况和多次试验取经验值。如假设分块大小为 256×256 像素，一般用户的屏幕分辨率为 1024×768，则显示 1 屏地图最多需要 20 块。

(3) 地图预先生成

传统 Web GIS 实现的 Internet 地图服务速度慢、交互性差，一个重要原因就是地图图片需要服务器动态实时生成，并经由网络传送至用户端。

但 Internet 地图服务很多时候对地图实时性的要求并不高，道路交通、行政边界、河流等的变化比较慢，定期(如 1 个月)更新一次地图就能满足需求。而且，一些 POI(Point Of Interests，用户感兴趣的点)实时性信息，如餐馆位置信息等，并不是固化在地图上的，完全可以通过 Ajax 引擎异步读取数据库中的信息通过简单的图层叠加实现。POI 数据是经常更新的，而基础数据(比如高级别的道路、桥梁、城市、湖泊等)则是很少变动的，即便是某些小道路发生变化，也可以很方便地生成该范围的地图斑块，这个工作量是较小的。

因此，对用户访问量大、实时性要求不高的普通地图、专题地图和卫星影像地图，可以预先生成。目前比较通用的做法是：对每个缩放级别(比例尺)，在约定的地理坐标和投影类型下，把地图切割成尺寸为 256×256 像素的若干小块栅格地图贴片，并保存在地图贴片服务器中，同时通过算法将浏览器地图方块坐标和贴片文件位置及名称关联起来。地图贴片格式可以多种多样，如 PNG、GIF、JPEG 等。

(4) 像素空间

为了将地图的地理坐标和客户端屏幕的像素联系起来，可以将地理坐标(经度/纬度)映射到一个假想的像素空间上。在计算机屏幕上，是通过像素来显示图像的，地图贴片作为栅格图像也是用像素来表示其尺寸的，因此使用像素空间可以很容易地排列地图贴片。

(5) 坐标和投影

一个大地测量学的坐标系统包括坐标系、投影、原点、单位、两个轴，也许还有一个起始偏移量。为使不同的地图数据得以发布和集成，在地图预先生成前，应将地图的地理坐标系和投影方式进行统一，转换为地图发布所用的地理坐标系统。

更进一步，系统需要支持两种坐标格式的转换，分别是地理坐标系的经度/纬度和假想的像素空间下的横/纵坐标。

(6) 加载地图贴片算法

在进行地图加载、地图刷新、地图缩放和地图漫游的时候，都需要对地图的新加载地图贴片进行计算，以确定哪些地图贴片应该被显示和应该显示在哪个位置。地图贴片的加载过程是从屏幕的左下角开始，呈 N 字形加载。图 8.6 所示为加载过程的示例，其中大的正方形表示地图，小正方形表示地图贴片，中间矩形框表示屏幕，箭头表示加载的顺序。

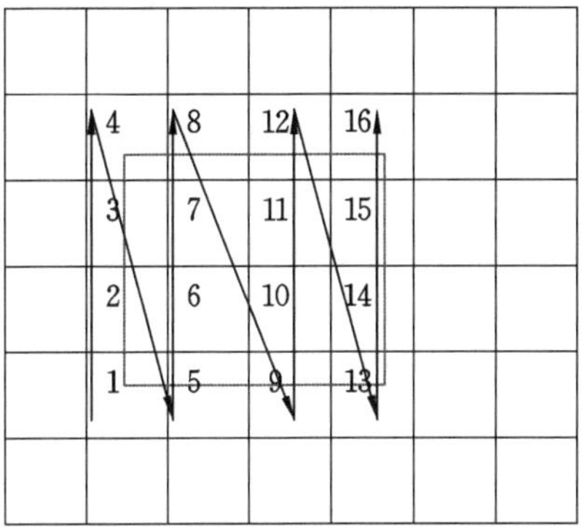

图 8.6 加载过程

总体来说，Ajax 的 Internet 地图服务方法具备以下优点：可实现无刷新的地图浏览模式，用户无须等待服务器端回应，地图浏览速度快；能够解决遥感影像地图在 Internet 上发布困难的问题；便于进行地图服务扩展。

8.3 Web 地理信息分发服务

OGC 制订了空间信息共享和互操作的规范，提出了网络服务（OGC Web Services，OWS）框架，包括 WMS、WFS、WCS 和 WMTS。这些规范既可以作为空间数据服务规范，又可以作为空间数据的互操作实现接口。只要某一个 GIS 软件支持这个接口，部署在本地服务器上，其他 GIS 软件就可以通过这个接口得到所需要的数据。从技术实现的角度，可以将 Web 服务理解为一个应用程序（可以用现有的各种编程语言实现），它向外界暴露出一个能通过 Web 进行调用的接口，允许被任何平台、任何系统，用任何语言编写的程序调用。这意味着，Web 服务可以实现跨平台、跨语言、跨硬件的互操作。

8.3.1 Web 地图服务

WMS（Web Map Service）定义了用来在 Internet 上得到地图图像的服务接口，其提供的地图格式有 PNG、GIF、JPEG、SVG 或 WebCGM（Web Computer Graphics Metafile），为不同来源地理信息的融合与服务的共享提供了基础。WMS 的后台地图服务器使用 GIS 数据，通过 Internet 提供带有地理信息图片的服务标准。WMS 定义了一系列请求类型（WMS 支持标准 HTTP 中标准的 GET 请求和 POST 请求方式，大多是基于 GET 方式的服务请求）。

8.3.1.1 GetCapabilities

由于每一个 WMS 是独立的，因此必须提供关于各自功能的描述。这种“服务元数据”使每个客户机可以将合法请求公式化。GetCapabilities（ ）返回（以一个 XML 文档形式返回服务级元数据）：WMS 的参数（图片格式、WMS 版本兼容性）、图层（包围盒大小、坐标系统、数据位置以及是否透明）。

主要参数如下：

① VERSION=version //WMS 版本号（没有指定时，使用当前服务提供商提供的最高版本的 wms 服务）

② SERVICE=WMS //当前为 WMS 服务（此项在 1.3.0 版本中为必选项，之前的版本为可选项）

③ REQUEST=GetCapabilities //请求名称

例如：http://sit.regione.campania.it/arcgis/services/cartografia_base/MapServer/WMSServer?SERVICE=WMS&REQUEST=GetCapabilities。

8.3.1.2 GetMap

返回：图片（参数包括：图片的高度/宽度、坐标系统、渲染方式、图片格式）。

（1）必需参数

① VERSION=version //WMS 版本号

② REQUEST=GetMap //请求名称

③ LAYERS=layer_list //请求图层，多个图层间用逗号分隔（如果 SLD 存在，该参数可选）

④ STYLES=style_list //指定每个图层的渲染风格，多个图层间用逗号分隔（如果 SLD 存在，该参数可选）

//"STYLES="表示使用缺省风格；命名的 style 在 map 文件的 CLASS GROUP 中定义

⑤ SRS=namespace:identifier //空间参照系 Spatial Reference System

⑥ BBOX=minx,miny,maxx,maxy //包围盒（SRS 坐标）

⑦ WIDTH=output_width //图片宽度

⑧ HEIGHT=output_height //图片高度

⑨ FORMAT=output_format //图片格式

（2）可选参数

① SLD=sld_url //图层样式描述文件的 URL

② BGCOLOR=color_value //背景颜色 缺省是 0xffffff（白色）

③ TRANSPARENT=TRUE | FALSE //是否为透明，缺省是不透明

实例 1：https://demo.mapserver.org/cgi-bin/wms? SERVICE=WMS&VERSION=1.1.1&REQUEST=GetMap&BBOX=-180,-90,180,90&SRS=EPSG:4326&WIDTH=953&HEIGHT=480&LAYERS=bluemarble,cities&STYLES=&FORMAT=image/png&TRANSPARENT=true。

实例 2：http://webgis.cn/cgi-bin/mapserv? map=/owg/mfb2.map&SERVICE=WMS&VERSION=1.3.0&REQUEST=GetMAP&LAYERS=states&BBOX=-180,-90,180,90&CRS=CRS:84&INFO_FORMAT=text/html&format=image/png&width=600&height=300&styles=。

8.3.1.3 可选的请求

① GetFeatureInfo //返回地图上指定点附近要素的信息，用户可以点击像素查询要素的

模式和元数据。如 http://webgis.cn/cgi－bin/mapserv? map=/owg/mfb2.map&SERVICE=WMS&VERSION = 1. 3. 0&REQUEST = GetFeatureInfo&QUERY _ LAYERS = states&LAYERS=states&BBOX=－96,45,－95,46&CRS=CRS:84&INFO_FORMAT = text/html&j=43&i=－95&WIDTH=256&HEIGHT=256&styles=&format=image/png。

② DescribeLayer　//图层描述信息

③ GetLegendGraphic　//获取 Legend(图层管理器)的图片

具有相同地理参数和输出大小的两个或多个地图,通过叠加能生成复合地图。同样,单个地图可以来自于不同的服务器,从而实现网络分布式地图服务。

8.3.2　Web 地图分块服务

浏览器没有地图的概念,只能显示文本、图形或图片。然而,WMS 的一整张地图图片的生成、传输效率太低,所以 WMTS 就将一整个地图切成一个个小瓦片进行网络传输、渲染,不同大小的瓦片对应着不同的分辨率。这就是当前的网络地图大多以瓦片方式传输的原因。相较于 WMS,WMTS 通过增加数据总量、牺牲存储空间来提升响应效率,这是一种以空间换时间的策略。此外,地图分块技术可迁移至 DEM 的分块,从而通过高程瓦片与影像瓦片的结合,完成三维地形的渲染。

8.3.2.1　WMTS 原理

WMTS 是 OGC 提出的缓存技术标准,即在服务器端缓存被切割成一定大小瓦片的地图,对客户端只提供这些预先定义好的单个瓦片的服务,将更多的数据处理操作(如图层叠加等)放在客户端,从而缓解 GIS 服务器端数据处理的压力,改善用户体验。

WMTS 使用瓦片矩阵集(Tile matrix set)来表示切割后的地图。瓦片就是包含地理数据的矩形影像,一幅地图按一定的瓦片大小被切割成多个瓦片,形成瓦片矩阵,一个或多个瓦片矩阵即组成瓦片矩阵集。不同的瓦片矩阵具有不同的分辨率,每个瓦片矩阵由瓦片矩阵标识符(一般为瓦片矩阵的序号,分辨率最低的一层为第 0 层,依次向上排)进行标识。图 8.7 中每个区域的数字编码可以记作 TileXY,它是瓦片地图图片在整个地图中的坐标,也用作该瓦片图的存储目录。

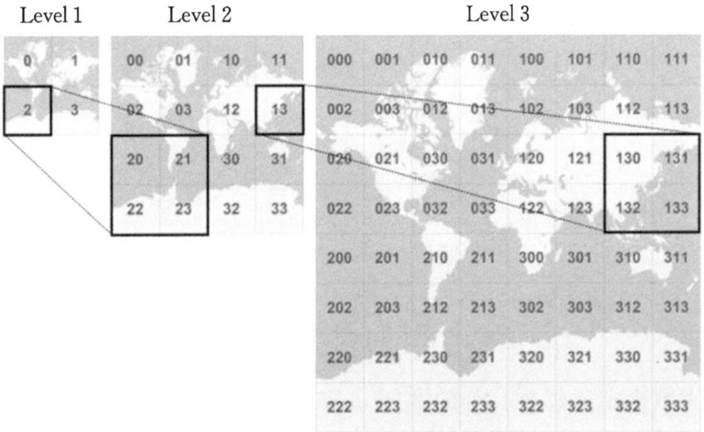

图 8.7　基于四叉树的瓦片矩阵集

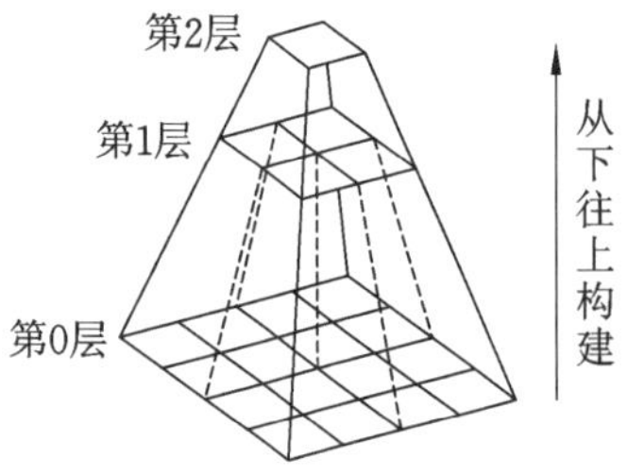

图 8.8 瓦片金字塔

同一地区不同分辨率的瓦片矩阵集可形成瓦片地图金字塔模型(图 8.8),它是一种多分辨率层次模型,从底层到顶层分辨率越来越低,但表示的地理范围不变。

瓦片金字塔的建模,可分为如下几步:

(1) 确定地图服务平台所要提供的缩放级别的数量 N,把缩放级别最高、地图比例尺最大的地图图片作为金字塔的底层,即第 0 层,并对其进行分块。从地图图片的左上角开始,从左至右、从上到下进行切割,分割成相同大小(比如 256×256 像素)的正方形地图瓦片,形成第 0 层瓦片矩阵。

(2) 在第 0 层地图图片的基础上,按每 2×2 像素合成为 1 个像素的方法生成第 1 层地图图片,并对其进行分块以形成第 1 层瓦片矩阵;采用同样的方法生成第 2 层瓦片矩阵;如此下去,直到第 $N-1$ 层,构成整个瓦片金字塔。

WMTS 的主要接口如下:

① GetCapabilities 操作:服务器实现的能力和包含的信息。

② GetTile 操作:获取切片。

③ GetFeatureInfo 操作:获取点选的要素信息,与 WMS 中 GetFeatureInfo 操作的行为相似。

8.3.2.2 切片方法

切片方案包括缓存的比例级别、切片尺寸和切片原点等信息,它们定义了每一个切片代表的地理位置、地理范围等信息(图 8.9)。根据定义的切片方案,服务器会将整块地图切成瓦片并缓存在服务器上,在客户端请求时将瓦片返回给客户端,提高了响应速度。

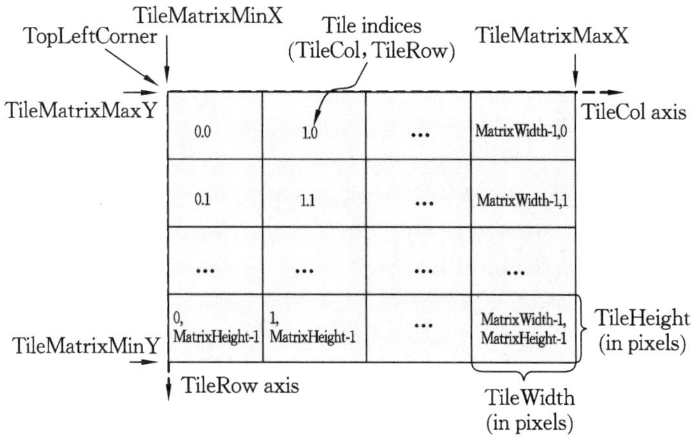

图 8.9 瓦片矩阵

① 通过像素数来定义每个瓦片的宽(TileWidth)和高(TileHeight),即瓦片的大小,默认为 256×256 像素;

② 边界框的左上角坐标(TileMatrixMinX,TileMatrixMaxY);

③ 以瓦片为单位来定义矩阵的宽（MatrixWidth）和高（MatrixHeight），如瓦片数。每个瓦片由瓦片矩阵的行（TileRow）、列（TileCol）值进行标识，行列值分别从瓦片矩阵左上角点所在的瓦片开始算起，起始行列值是(0,0)，依次向下向右增加。

8.3.2.3　实例

在投影坐标系的选择上，目前主流的地图服务提供商基本都选择的是 WGS84 Web Mercator 坐标系。但是在如何对投影后的地图进行切片并编号，不同厂商之间存在较大的差异。

(1) OSM 实例

在 OSM 中，缩放级别 $z=[0,18]$。瓦片的行列号(x,y)，像素坐标以左上角为原点，x 轴向右，y 轴向下。在 z 级，瓦片的个数为 2^z，$x,y\in[0,2^z-1]$。瓦片的像素(m,n)表示瓦片的宽为 m 个像素和高为 n 个像素。经纬度分别记为 λ 和 φ，单位为度，则：

$$\lambda=\left[2^{1-z}\cdot\left(x+\frac{m}{256}\right)-1\right]\cdot 180$$

$$\varphi=\frac{360\cdot\tan^{-1}\{e^{\left[1-2^{1-z}\cdot\left(y+\frac{n}{256}\right)\right]\cdot\pi}\}}{\pi}-90$$

已知经纬度 λ 和 φ（单位为度），求瓦片编号(x,y)：

$$x=\left(2^{z-1}\cdot\frac{\lambda+180}{180}\right)$$

$$y=2^{z-1}\cdot\left\{1-\frac{\ln\left[\tan\left(\frac{\pi\cdot\varphi}{180}\right)+\sec\left(\frac{\pi\cdot\varphi}{180}\right)\right]}{\pi}\right\}$$

图 8.10 所示为 OSM 的切片与编号。

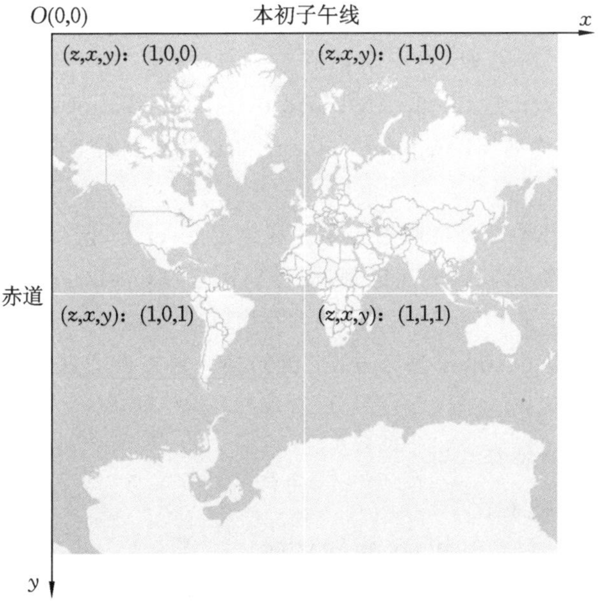

图 8.10　OSM 的切片与编号

每个瓦片对应于一个地址：

(1,0,0)的瓦片地址格式：https://a.tile.openstreetmap.org/1/0/0.png

(1,1,0)的瓦片地址格式：https://b.tile.openstreetmap.org/1/1/0.png

(1,0,1)的瓦片地址格式：https://c.tile.openstreetmap.org/1/0/1.png

(1,1,1) 的瓦片地址格式：https://c.tile.openstreetmap.org/1/1/1.png

(2) Bing 地图实例

微软 Bing 地图缩放级别 Z 的编码规则与谷歌相同，同一层级的瓦片不用 XY 两个维度表示，而只用一个整数表示，该整数服从四叉树编码规则。

① Bing Maps 瓦片地图图片的 URL 的格式：

http://ecn.t{0}.tiles.virtualearth.net/tiles/{1}{2}.png? g={4}

Bing Maps 瓦片地图图片的 URL 参数解释及说明详见表 8.1。

表 8.1 Bing Maps 瓦片地图图片的 URL 参数

参数	解释	说明
{0}	代表 Bing Maps 的服务器，平衡负载	现在看来取值可以是 0～7，也就是 8 台服务器
{1}	地图类型	卫星地图：a；普通地图：r；混合地图：h
{2}	瓦片地图图片键-值 quadkey	通过对应地图区域的位置、显示尺度等计算而来
{3}	地图图片类型	取值为 png ∣ jpeg ∣ jpg
{4}	地图版本	

② 瓦片数据的存储。瓦片数据在文件系统中以 z/x/y.jpg 这种路径形式存储。其中，z 是 x 的上级目录，x 又是 y 的上级目录。图片按照 TileXY 方式描述的格式为：{地图放大层级}/{X 坐标}/{Y 坐标}.jpg，如 2/2/1.jpg，它对应的 url 是：

https://ecn.t3.tiles.virtualearth.net/tiles/a123.jpg? g=9675

也就是 url 中的图片名 a123.jpg(quadkey)和文件夹路径(TileXY)存在换算的映射关系。

③ quadkey 和 TileXY 之间的映射关系。在给定 level 下，把行号 Y 和列号 X 转换为 2 进制，然后行列交叉存储，再转换为 4 进制，即得到相应的 quadkey。例如 Level 3 的第 6 行第 4 列的 Tile 计算：tileY＝5＝101，tileX＝3＝011；quadkey＝100111＝213(4 进制)＝“213”。反过来计算就是 quadkey 到 TileXY 的转换。根据此方法，就很容易编写 quadkey 到 TileXY 之间的转换代码。

8.3.2.4 WMTS 的特征

(1) WMTS 与 WMS 对比

地图服务大致分为两种，即 WMS 和 WMTS。

WMS 的服务方式是依据客户端发出的数据请求的地理范围，动态地在空间数据库中生成一张地理范围与请求信息一致的瓦片并返回给用户；WMTS 的服务方式是采用一种预定义瓦片的方法，将地图数据事先切成不同分辨率的多级瓦片，每一层的数据瓦片代表的地理范围并不相同。WMTS 服务方式避免了对原始数据的实时切片操作，从而可以更加快捷地响应请求，并且节省了服务器的计算机资源。但也正因为如此，WMTS 服务方式受到切片方案的局限，如果客户端请求一张特殊大小、特殊地理范围的瓦片，则该服务将变得无能为力。

WMTS 弥补了 WMS 不能提供分块地图的不足。WMS 针对提供可定制地图的服务，是一个动态数据或用户定制地图(需结合 SLD 标准)的理想解决办法。WMTS 牺牲了提供定制地图的灵活性，代之以通过提供静态数据(基础地图)的方式来增强伸缩性，这些静态数据的范围框和比例尺被限定在各个图块内。通过这些固定的图块集，可以使用一个仅简单返回已有文件的 Web 服务器即可实现 WMTS 服务，同时可以利用一些标准的诸如分布式缓存的网络机制实现伸缩性。

(2) WMTS 和 TMS 的对比

地图切片有两个标准，即 TMS(来自于 OSGeo)和 WMTS(来自于 OGC)。两者具有如下共同特性：

① 坐标系：WGS84；

② 投影：墨卡托投影(正轴等角圆柱投影)；

③ 当经度范围为[－180，180]，投影为正方形时，纬度范围为[－85.05113，85.05113]；

④ 图片大小：256×256；

⑤ 图片格式：jpg[有损、压缩率高、不透明]，png[无损、透明]。

它们的差异主要在于协议和瓦片组织方式。在协议方面，TMS 是纯 RESTful 的，而 WMTS 可以有三种，即 KVP、SOAP 和 RESTful。在瓦片组织方式上，TMS 瓦片是正方形，WMTS 瓦片是矩形。在纵轴的正轴方向上，TMS 向上而 WMTS 向下；WMTS 中对应的不同比例尺瓦片，尺寸可以不同。

8.3.3 Web 要素服务

Web 矢量/要素服务(Web Feature Service，WFS)标准描述了使用 HTTP 协议通过网络访问要素服务的规范，是数据访问服务接口之一。WMS 允许客户端叠置显示来自 Internet 的多个 WMS 地图图像。类似地，WFS 允许客户端叠置来自多个 WFS 的空间数据。WFS 是地理要素数据库提供要素服务的接口，其实现条件包括：接口必须用 XML 定义；GML 必须被用来在接口中描述要素；谓语或过滤语言将使用 XML 定义；用来存储要素的数据库对客户端应用而言应该是不透明的，它们对数据的唯一查看方式是通过 WFS 接口；使用 XPath 表达式子集引用特性。

Web 矢量服务的设计目的就是为了从服务器获取单纯的地理信息数据，服务器返回客户端要素级的 GML 编码，使用 HTTP 协议对要素进行简单的数据编辑操作。在 WFS 中，客户端可以从多个 Web 矢量服务中取得 GML 格式的地理空间数据。WFS 是地理要素数据库提供要素服务的接口(图 8.11)。

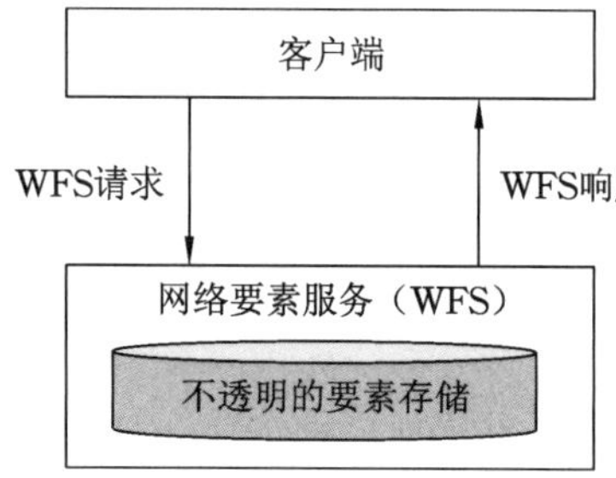

图 8.11　WFS 接口

WFS 操作支持在使用 HTTP 协议的分布式计算平台上对要素进行增、删、改、查和发现操作。Web 矢量服务定义了五个基本操作：

（1）GetCapabilities 操作，一个 WFS 必须可以描述它的能力，特别地，必须指出它可以为哪些要素类型提供服务，以及每个要素类型支持哪些操作。如 https://demo.mapserver.org/cgi-bin/wfs? SERVICE=WFS&VERSION=1.0.0&REQUEST=GetCapabilities。

```
<WFS_Capabilities xmlns="http://www.opengis.net/wfs"
    xmlns:ogc="http://www.opengis.net/ogc"
    xmlns:xsi="http://www.w3.org/2001/XMLSchema- instance"
    version="1.0.0" updateSequence="0"
    xsi:schemaLocation= "http://www.opengis.net/wfs
http://schemas.opengis.net/wfs/1.0.0/WFS- capabilities.xsd">
<script/>
<Service>
...
</Service>
<Capability>
...
</Capability>
<FeatureTypeList>
...
</FeatureTypeList>
<ogc:Filter_Capabilities>
...
</ogc:Filter_Capabilities>
</WFS_Capabilities>
```

其他的如 http://webgis.cn/cgi-bin/mapserv? map=/owg/mfw1.map&SERVICE=WFS&VERSION=2.0.0&REQUEST=GetCapabilities。

（2）DescribeFeatureType 操作，WFS 必须可以在请求中描述它可以提供服务的任何要素的结构。如 http://webgis.cn/cgi-bin/mapserv? map=/owg/mf21.map&service=WFS&VERSION=2.0.0&request=DescribeFeatureType&TypeName=world-country。

```
<?xml version='1.0' encoding="UTF-8" ?>
<schema
   targetNamespace="http://mapserver.gis.umn.edu/mapserver"
   xmlns:ms="http://mapserver.gis.umn.edu/mapserver"
   xmlns:xsd="http://www.w3.org/2001/XMLSchema"
   xmlns="http://www.w3.org/2001/XMLSchema"
   xmlns:gml="http://www.opengis.net/gml/3.2"
   elementFormDefault="qualified" version="0.1" >

  <import namespace="http://www.opengis.net/gml/3.2"
          schemaLocation="http://schemas.opengis.net/gml/3.2.1/gml.xsd" />

  <element name="world-country"
           type="ms:world-countryType"
           substitutionGroup="gml:AbstractFeature" />

  <complexType name="world-countryType">
    <complexContent>
      <extension base="gml:AbstractFeatureType">
        <sequence>
          <element name="msGeometry" type="gml:GeometryPropertyType" minOccurs
="0" maxOccurs="1"/>
          <element name="OBJECTID" minOccurs="0" type="string"/>
          <element name="NAME" minOccurs="0" type="string"/>
          <element name="FENAME" minOccurs="0" type="string"/>
          <element name="FCNAME" minOccurs="0" type="string"/>
          <element name="SOC" minOccurs="0" type="string"/>
          <element name="POP" minOccurs="0" type="string"/>
          <element name="ELEMID" minOccurs="0" type="string"/>
          <element name="SHAPE_LENG" minOccurs="0" type="string"/>
          <element name="SHAPE_AREA" minOccurs="0" type="string"/>
          <element name="ID1" minOccurs="0" type="string"/>
        </sequence>
      </extension>
    </complexContent>
  </complexType>
</schema>
```

(3) GetFeature 操作，WFS 必须可以为一个获取要素实例的请求提供服务。另外，客户端可以规定获取要素的哪些特性，并且可以使用空间和非空间的查询限制条件。如 https://demo. mapserver. org/cgi-bin/wfs? SERVICE = WFS&VERSION = 2. 0. 0&REQUEST = GetFeature&TYPENAMES=continents&COUNT=100。

```
<wfs:boundedBy>
    <gml:Envelope srsName="urn:ogc:def:crs:EPSG::4326">
        <gml:lowerCorner>- 35.047943 - 133.615067</gml:lowerCorner>
        <gml:upperCorner> 79.446388 179.787476</gml:upperCorner>
    </gml:Envelope>
</wfs:boundedBy>
<wfs:member>
    <ms:continents gml:id="continents.23774">
    <gml:boundedBy>
    ...
    </gml:boundedBy>
    <ms:msGeometry>
    <gml:Polygon gml:id="continents.23774.1"
            srsName="urn:ogc:def:crs:EPSG::4326">
        <gml:exterior>
            <gml:LinearRing>
                <gml:posList srsDimension="2">
                    46.386185 - 60.393715
                    46.393707 - 60.387363
                    46.394154 - 60.382725
                    46.391628 - 60.381756
                    46.381596 - 60.390778
                    46.386185 - 60.393715
                </gml:posList>
            </gml:LinearRing>
        </gml:exterior>
    </gml:Polygon>
    </ms:msGeometry>
    <ms:NA2DESC> Canada</ms:NA2DESC>
    <ms:NA3DESC> North America</ms:NA3DESC>
    </ms:continents>
</wfs:member>
```

又如 http://webgis.cn/cgi-bin/mapserv? map=/owg/mft2.map&service=WFS&VERSION=2.0.0&request=GetFeature&TypeName=world-country。

(4) Transaction 操作，WFS 可以为事务请求提供服务。一个事务请求是由修改要素的操作组成的，即对地理要素的创建、修改和删除操作。

(5) LockFeature 操作，WFS 可以处理在一个事务期间对一个或多个要素类型实例上锁的请求，这就保证了可序列化的事务被支持。

根据服务器提供的操作类型的区别，Web矢量服务可以分成两种服务类型：基本Web要素服务（Basic WFS）和事物Web要素服务（WFS Transition）。前者仅支持对服务器中的地理要素的读取操作，而后者同时支持创建、读取、编辑和删除要素等操作。

8.3.4 Web覆盖服务

WCS（Web Coverage Service）服务是以“Coverage”的形式实现了栅格空间数据集的共享，其中栅格数据通常是指卫星图片和数字高程模型等。WCS提供了三个基本操作：

（1）GetCapabilities操作，返回描述服务和数据集的XML文档，包括对特定的服务器能力的描述（如对服务器提供的覆盖范围的简单描述）。如https://demo.mapserver.org/cgi-bin/wcs? SERVICE=WCS&VERSION=1.0.0&REQUEST=GetCapabilities。

```
<WCS_Capabilities
    xmlns="http://www.opengis.net/wcs"
    xmlns:xlink="http://www.w3.org/1999/xlink"
    xmlns:gml="http://www.opengis.net/gml"
    xmlns:xsi="http://www.w3.org/2001/XMLSchema- instance"
    version="1.0.0" updateSequence="0"
    xsi:schemaLocation="http://www.opengis.net/wcs
http://schemas.opengis.net/wcs/1.0.0/wcsCapabilities.xsd">
<script/>
    <Service>
    ...
    </Service>
    <Capability>
        <Request>
            <GetCapabilities>
            ...
            </GetCapabilities>
            <DescribeCoverage>
            ...
            </DescribeCoverage>
            <GetCoverage>
            ...
            </GetCoverage>
        </Request>
        <Exception>
        ...
        </Exception>
    </Capability>
    <ContentMetadata>
    ...
    </ContentMetadata>
</WCS_Capabilities>
```

其他的如 http://webgis.cn/cgi-bin/mapserv? map=/owg/mfw8.map&SERVICE=WCS&VERSION=2.0.1&REQUEST=GetCapabilities。

（2）DescribeCoverage 操作，允许客户端请求由具体的 WCS 服务器提供的任一覆盖层完全描述，包括提供的覆盖的时空范围、参考坐标系、数据格式、插值方法等。如 https://demo.mapserver.org/cgi-bin/wcs? SERVICE=WCS&VERSION=1.0.0&REQUEST=DescribeCoverage&COVERAGE=modis。


```
<CoverageDescription
  xmlns="http://www.opengis.net/wcs"
  xmlns:xlink="http://www.w3.org/1999/xlink"
  xmlns:gml="http://www.opengis.net/gml"
  xmlns:xsi="http://www.w3.org/2001/XMLSchema-  instance"
  version="1.0.0" updateSequence="0"
  xsi:schemaLocation="http://www.opengis.net/wcs
http://schemas.opengis.net/wcs/1.0.0/describeCoverage.xsd">
    <CoverageOffering>
        <metadataLink metadataType="TC211" xlink:type="simple"
                xlink:href="https://demo.mapserver.org/cgi- bin/wcs? request=
                GetMetadata&layer=modis"/>
        <name> modis</name>
        <label> North Central US MODIS Images for 2002</label>
        <lonLatEnvelope srsName="urn:ogc:def:crs:OGC:1.3:CRS84">
        ...
        </lonLatEnvelope>
        <domainSet>
        ...
        </domainSet>
        <rangeSet>
        ...
        </rangeSet>
        <supportedCRSs>
        ...
        </supportedCRSs>
        <supportedFormats nativeFormat="raw binary">
        ...
        </supportedFormats>
        <supportedInterpolations default="nearest neighbor">
            <interpolationMethod> nearest neighbor</interpolationMethod>
            <interpolationMethod> bilinear</interpolationMethod>
        </supportedInterpolations>
    </CoverageOffering>
</CoverageDescription>
```

又如 http://webgis.cn/cgi-bin/mapserv? map =/owg/mfw8.map&SERVICE = WCS&VERSION = 2.0.1&REQUEST = DescribeCoverage&COVERAGEID = world-img。

(3) GetCoverage 操作，是在 GetCapabilities 确定什么样的查询可以执行、什么样的数据能够在获取之后执行的，它使用通用的覆盖格式（如 GML 等）来返回地理位置的值或属性。如 http://webgis.cn/cgi-bin/mapserv? map=/owg/mfw8.map&SERVICE=WCS&VERSION=1.1.0&REQUEST=GetCoverage&IDENTIFIER=world-img&FORMAT=image/tiff&BOUNDINGBOX=43,33,44,34,urn:ogc:def:crs:EPSG::4326。

8.4 实训项目：网络 GIS 的分析服务

“网络 GIS 的分析服务”实训项目相关内容见表 8.2。

表 8.2 “网络 GIS 的分析服务”实训项目

实训目标	知识目标	掌握网络数据处理的概念，熟悉网络 GIS 分析的基本原理，认识数据处理服务的架构问题，了解网络 GIS 分层的思路
	能力目标	能够下载并安装开源数据库软件 PostGIS，并与网络 GIS 中间层的 Web 服务和用户层的地图展示实现交互
	价值目标	让学生认识到网络 GIS 是地理学的网络版第三语言，理解地理学语言在自然社会表达中的重要性，培养学生的地理学语言审美能力，终生为保护、美化人类的环境而不懈努力
实训原理	在云服务平台安装空间数据库软件，通过中间件向客户端提供数据查询和分析服务功能	
实训方法	在云端安装 Postgis 空间数据库，并配置与 GeoServer 服务器匹配的接口，通过客户端 Openlayers/Censiem 实施与服务器的数据交互	
实训要求	下载 Postgis 软件，完成与 GeoServer 服务器及客户端的连接	
注意事项	Postgis 既是一种网络空间数据库，也是 GIS 系统，因而能进行数据的存储、计算和处理	
问题与处理	Postgis 返回的数据如何与客户端的第三方地图数据进行叠加	

限于篇幅，“网络 GIS 的分析服务”实训指导书可扫描下方（左侧）二维码查看；有关“网络 GIS 的分析服务”实训项目的操作视频，可扫描下方（右侧）二维码观看。

【实训指导书】　　**【操作视频】**

思　考　题

讨论 1:生活中有哪些同步的案例和异步的案例?

讨论 2:哪些人工服务难以被互联网取代,哪些人工服务完全或部分能被互联网取代?

讨论 3:Web 服务是否可理解为服务的 Web 化?

讨论 4:生活中有哪些是面对面服务和 Web 服务?

讨论 5:本章的知识对应于互联网的哪些思维?

思政 1:课程思政知识图谱如何通过语义查询和智能推送?

9 Web GIS 开发

本章主要联系的课程："JAVA""GIS 程序设计"。

9.1 开源 Web GIS 开发框架

随着越来越多智慧城市项目的落地实施，基于 GIS 的应用程序展现出越来越广泛的应用场景。例如大多数行业都需要对真实世界中的现有资源进行可视化的实时监控、分析、操作，从而提高效率，使得利益最大化；再比如基于位置的服务也越来越在公众中普及，如此等等。正因为有着如此广泛的应用场景，如何经济、快速地搭建一个开发环境，并依托此环境构建各式各样的 GIS 应用就成为一个值得关注的话题。

(1) Web GIS 体系结构

一个基本的 Web GIS 体系结构主要包括客户端、Web 服务器、GIS 服务器、GIS 渲染引擎、空间数据存储库(图 9.1)。该体系结构是一个标准的三层结构，包括用户交互层、中间层(包括 Web 服务器和 GIS 服务器)及数据层。

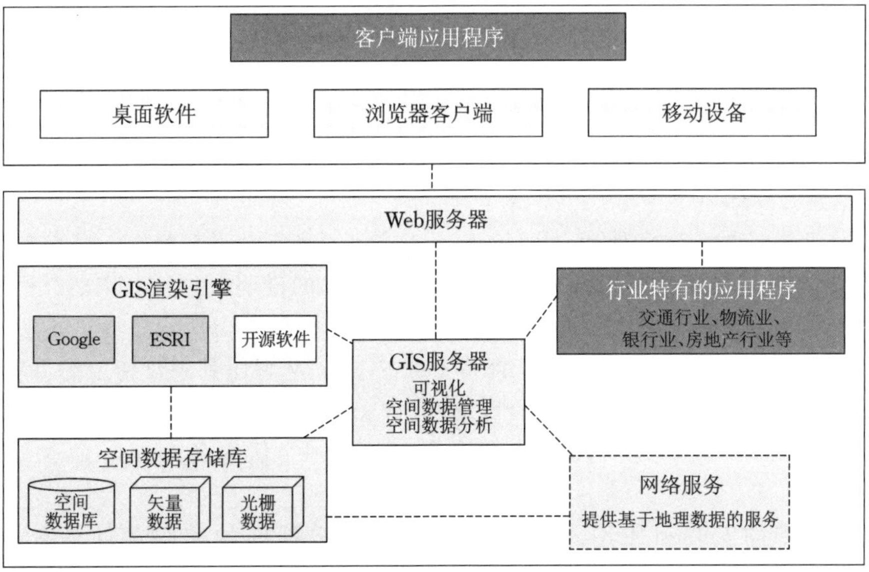

图 9.1 一个网络 GIS 体系结构

(2) 开源软件的选择

开源软件的选择原则是针对不同的层次，结合自身的需求，对比常用开源 GIS 软件的用途和优势，从而选择适合的开源软件。这里，利用 OpenScales、MapServer 和 PostGIS 快速构建 GIS 应用。

① 渲染引擎 OpenScales。提到 GIS 的渲染引擎，很多开发人员首先想到的可能是 OpenLayer 这款著名的使用 JavaScript 的开源 GIS 前端。然而，从技术上来说，基于 Flex 的前台地图框架有着很大的应用空间，这里选择的是一款基于 ActionScript3 和 Flex 的开源 GIS 前端产品 OpenScales。它是一个优秀的前台地图框架，提供了相对完善的功能，主要包括：

- 能够支持各种标准的地图服务，比如 WMS、WFS 等；
- 能够快速描绘矢量数据，支持的矢量数据格式有点、线、面、多点、多线等，这一功能可以用来支持地图编辑功能；
- 提供一系列内置的地图控件，常用的有地图缩放、拖拽、比例标尺等；
- 支持多平台，由于 OpenScales 是基于 FlashPlayer 的，因此可以运行在各个浏览器、桌面程序乃至移动设备上。

② GIS 服务器 MapServer。MapServer 是利用 C 语言开发的开源 Web GIS 项目，它是一套基于胖服务器端/瘦客户端模式的实时地图发布系统，客户端发送数据请求时，服务器端实时处理空间数据，并将生成的数据发送给客户端。MapServer 有如下几个关键的特性：

- 支持多种矢量、栅格数据和 PostGIS 空间数据库，并借助 ArcSDE 支持商业空间数据库；
- 支持 Windows、Linux 等操作系统；
- 提供两种工作方式，CGI 方式（适用于 CGI、Ajax、Flex 开发人员）和 MapScript 方式（适用于 Php、Java、C# 开发人员），以原生 CGI 方式效率最高；
- MapFile 是 MapServer 的核心，它支持 OGC 协议，将各种地图要素组织成具有层次关系的对象系统，并定义数据来源、使用的数据格式和用户交互方式。

③ 空间数据库 PostGIS。PostGIS 在对象关系型数据库 PostgreSQL 上增加了存储管理空间数据的能力，是著名的开源 GIS 数据库。

（3）搭建开发环境

① MapServer 的安装和使用：从 MapServer 产品页面下载最新版本。尽管产品文档对 Unix 和 Window 平台下的源代码安装步骤给出了详细的说明，但是在 Win32 平台下由源代码编译安装 MapServer 是一个复杂的任务，所以推荐使用 MapServer 给出的已编译安装包 MS4W，从而能快速搭建开发环境。即将下载的 MS4W 解压到硬盘指定的目录，然后在命令提示符窗口切换到 MS4W 所在的目录，运行 apache-install，验证 MS4W 安装是否成功。使用 MapServer 发布地图数据，关键就是要编写一个后缀名为 map 的 Mapfile 配置文件。

② PostGIS 的安装和使用：安装 PostGIS 空间数据库的前提条件是有关系型的 PostgreSQL 数据库，需要注意的是 PostgreSQL 8.3 以上的版本才支持 PostGIS 空间数据库。这样，首先从 PostgreSQL 产品页面下载最新 Windows 版本的安装文件，接下来按照安装进度依次选择安装目录、数据目录、密码和端口，直至 PostgreSQL 安装完成。然后，选择所需要的 PostGIS 版本，并下载安装。最后，对 PostGIS 空间数据库的安装进行验证。

(4) 构建 GIS 应用程序

利用上述搭建的开发环境，接下来将展示如何使用 OpenScales，并且在 MapServer 和 PostGIS 的帮助下快速构建一个 GIS 应用程序。在这个应用程序中，将展示如下几个关键内容点：编写 Mapfile 文件，利用 MapServer 搭建的开源 GIS 引擎；支持三种数据源，分别是 PostGIS 空间数据库、Shape 和 KML 格式的矢量数据及图片格式的光栅数据；使用 OpenScales 来完成前端展示及用户交互响应。

① 准备三种数据源：为了能演示支持三种不同形式的数据，需要准备三个数据源，分别是数据库数据(已导入 PostGIS 数据库中的数据)、矢量数据(Shape 格式或者 KML 格式的文件)、光栅数据(GIF、PNG 或者 JPEG 格式的文件)。

② 编写 Mapfile 文件：准备好数据之后，接下来要利用 MapServer 搭建的 GIS 引擎来获得上述数据，完成这一步最为关键的就是编写 Mapfile 文件。

③ 构建应用程序：准备好 GIS 服务器和所需的空间数据后，就可以构建基于 GIS 的 Flex 应用程序。

9.2 庐山地理认知实习系统实例

地理认知实习系统依托开放式虚拟仿真实验教学管理平台的支撑，二者通过数据接口无缝对接，保证用户能够随时随地通过浏览器访问该项目，并通过平台提供的面向用户的实习内容展示、自动批改服务功能，尽可能帮助用户实现自主实习。该系统采用面向服务的软件架构开发，集虚拟仿真、创新设计、测试结果自动批改于一体，是具有良好自主性、交互性和可扩展性的实习教学平台。

9.2.1 系统框架

支撑项目运行的平台及项目运行的架构共分为五层，每一层都为上层提供服务，直到完成具体虚拟实验教学环境的构建(图 9.2)。下面将按照从下至上的顺序分别阐述各层的具体功能。

(1) 数据层。庐山野外地理认知实习涉及多种类型数据，包括用户信息、课程库、地理数据、基础组件库、标准答案库、规则库、典型实验库等。

(2) 支撑层。支撑层是平台的核心框架，是实习项目正常开放运行的基础，负责整个基础系统的运行、维护和管理。支撑平台包括以下功能子系统：安全管理、服务容器、数据管理等。

(3) 通用服务层。通用服务层即管理平台，提供实习教学环境的一些通用支持组件，以便用户能够快速完成实习操作。通用服务包括：理论知识学习、实验资源管理、实验自动批改、实验报告管理、教学效果评估等。

(4) 仿真层。仿真层主要针对该项目进行相应的实习场景构建、虚拟数据库开发并提供通用的仿真器，最后为上层提供实验结果数据的格式化输出。

(5) 应用层。基于底层的服务，最终实现庐山地理认知实习教学与开放共享。该框架的应用层具有良好的扩展性，实验教师可根据教学需要，利用通用服务层提供的各种工具和仿真层提供的相应器材模型，设计各种典型实验实例，最后面向学校开展实验教学应用。

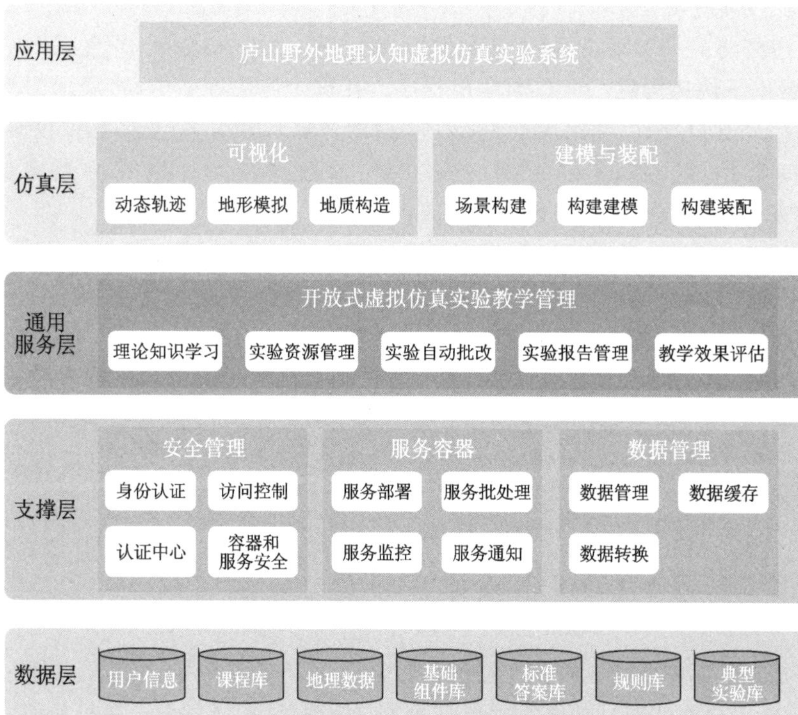

图 9.2　系统总体架构图

9.2.2　系统数据的组织

一个系统的运行必然需要大量的数据支撑，庐山虚拟实习系统也是如此。Cesium 框架下的三维显示是将遥感影像“贴”在对应的地形高程上，因此要实现庐山的三维可视化少不了高程数据和卫星影像数据。在三维显示庐山的框架下，系统功能模块的实现离不开专题数据。这些专题数据主要是实习点、河流、山脉、冰碛物、山谷等 2D 数据和 3D 模型数据。

9.2.2.1　数据来源与特点

标准的栅格 DEM 数据经过转换能生成瓦片数据。瓦片高程数据以文件的方式进行存储和加载。每当放大地图时，会根据放大层级及当前区域加载对应子层级的地图图片，在浏览器中进行拼接展示。切片采用的格式是 HeightmapTerrainData 地形瓦片，是根据 TMS（瓦片地图服务）global-geodetic（全球大地坐标）规则进行切分的，其中所有瓦片的后缀名都是.terrain，每个瓦片都有唯一标识，即层级/X 编码/Y 编码。X 编码是横向切片位置，Y 编码是纵向切片位置。以图 9.3 为例，1358.terrian 瓦片就是 11 级，X 编码为 3365，Y 编码为 1358 的瓦片。

影像数据来自于天地图在线 API，庐山虚拟实习系统通过 url 访问需要的天地图资源，包括缩放级别为 18 级的全球影像数据。应用在线 API 的好处是，能够在确保分辨率不低于一定大小的情况下，减小数据加载与操作对服务器在数据存储、带宽方面的占用。

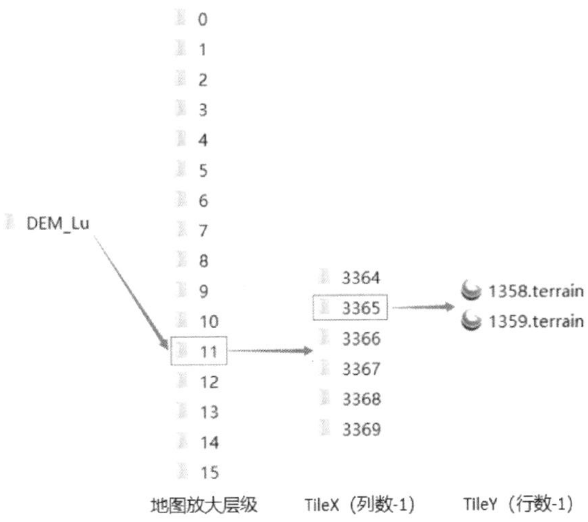

图 9.3　瓦片的存储格式

自定义绘制的数据主要是专题数据中的几何(点、线、面)数据，它们的存储方式采用了两个数组，分别按固定顺序存储系列地理对象中的每个对象的 ID 和坐标信息。每当使用一个功能需要调用这些数据时，只需操作对应的数组即可，减少了代码的冗余量。

9.2.2.2　数据存储组织

实习点数据在关系对象数据库里主要是由表格格式管理，拥有这个数据库对象(表)权限的角色可以访问此对象。实习点的表格结构分为六列，如图 9.4 所示。照片存储在服务器的硬盘中，需要显示照片时先访问数据库获得照片的路径，然后再直接访问服务器硬盘对应的路径。

列　+

名称	数据类型	长度/精度	规模	不为 NULL?	主键?
entity_index	smallint			是	是
entity_name	character varying	255		否	否
poi_description	character varying	500		否	否
poi_observe_content	character varying	255		否	否
vr_url	character varying	500		否	否
pictures_name	character varying	255		否	否

图 9.4　实习点专题数据的组织

实习点数据展示界面是一个容器，里面放置了一些标题、文本和图像控件。每次点击不同的实习点，就会触发相应函数和数据库查询语言异步更新容器里的每个控件，以显示不同实习点的信息(图 9.5)。

后台框架 Express 使用 pg 插件，后台可以直接连接数据库，在 Express 中使用 SQL 语句就可以直接对数据库进行操作。索引是加速搜索引擎检索数据的一种特殊表查询，或者

图 9.5　由数据库传输数据的实习点简介页面

说是指向对象的指针。索引的优势是有助于加快 SELECT 查询和 WHERE 子句，但是它会减缓使用 UPDATE 和 INSERT 语句时的数据输入，因此应该避免在需要频繁大批量更新的表格上使用索引。

9.2.3　系统数据的服务

地理认知实习系统的空间数据处理主要分为三种情况，根据不同的数据类型采取不同的方法进行处理。

(1) 实习路线、实习景点等数据(图 9.6)：这是系统的核心数据，系统将这些数据的加载函数及其位置坐标存入 JS 文件中。当前端点击事件被触发后，调用相关 JS 文件进行加载渲染，得到实习路线、实习景点数据。

图 9.6　袭夺河流域的相关线数据

(2) 实时定位轨迹数据：由于实时定位轨迹数据与用户使用密切相关，因此需要根据用户的实际操作进行更新。系统将实时定位轨迹数据存入 postgis 数据库中，以 geometry 的属性进行存储。通过 Ajax 技术实现前端界面与后台服务器的互动，并将定位数据存入数据库或者从数据库传到前端，从而实现每个用户实习轨迹的存储与展示。

(3) 地形分析数据：系统中的地形分析数据，例如坡向图、分层设色图等(图 9.7)，由于分析对象是整个庐山地区，因此每个分析结果的数据量较大。为了更好地加载显示，系统将地形分析数据通过 GeoServer 发布为 WMS 数据，在 Cesium 中通过数据发布的 url 进行引用，从而降低了带宽和数据渲染的要求。

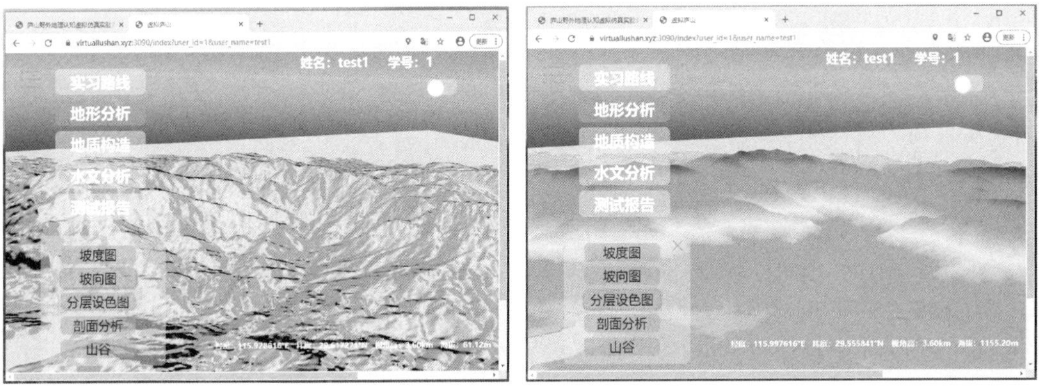

(a) (b)

图 9.7 坡向图和分层设色图的加载

(a) 坡向图的加载；(b) 分层设色图的加载

9.2.4 系统数据的展示

9.2.4.1 二三维数据叠加

庐山地理认知实习系统以三维地形为基础场景，如何使几何图形与起伏的地形相叠合是需要解决的关键问题。

在三维场景中地点、路线的展示需要使用矢量点、线、面表达，如实习景点、实习路线、实习区域的展示。由于二维的点、线、面难以与实际复杂三维地形完全吻合，因此需要将二维几何图形转换为三维的点、线、面等几何图形，主要是在二维几何图形基础上增加高程数据。主要思路是：首先，将二维几何图形与三维 DEM 叠加以获取二维几何点的坐标，包括经纬度坐标与相应点的高程；然后，将二维几何坐标转换三维几何坐标，并展示到屏幕中。Cesium 采用 Stencil Buffer Test 技术实现几何图形贴地效果，它通过几何阴影体模板测试、深度测试及融合，得到与 DEM 相吻合的贴地几何图形。图 9.8 所示为实习线路、冰川遗址与 DEM 的叠合效果。

(a)　　　　(b)

图 9.8　实习线路、冰川遗址与 DEM 的叠合效果

(a) 实习线路与 DEM 的叠合效果;(b) 冰川遗址与 DEM 的叠合效果

9.2.4.2　3D 内容展示

庐山地理认知实习系统中的 3D 对象主要有三种:三维地形场景、地质构造模型及相关的实体模型。三种 3D 对象数据来源不同、类别不同,需要采用不同的方法将其融合到系统中。

(1) 三维地形场景:整个庐山的三维场景具有数据量大、地形复杂等特点,为了更好地使三维场景符合庐山实际地形,系统以 12.5 m 分辨率的 DEM 数据为基础,将数据转换为 3D Tiles 格式的瓦片数据集,并通过分层细节 LOD 算法使整个庐山的 DEM 数据按照 16 个级别的分辨率进行加载渲染,极大地缓解了数据的渲染实现和流畅加载问题(图 9.9)。

图 9.9　庐山三维地形场景

(2) 地质构造模型:庐山地区地貌特征丰富,为了更好地描述庐山实际地质构造,需要通过三维地质模型进行展示,系统以相应地区的等高线数据为依据,通过三维建模工具 Sketch Up 建立庐山地区典型三维地质模型,并将得到的三维模型转换为批量 3D 模型格式的 3D Tiles 数据,在 Cesium 中进行加载渲染(图 9.10)。

图 9.10 地层结构模型加载示例

(3) 实体模型:为了更好地展示虚拟仿真效果,往往需要加载一些实体模型,例如实习路线中的飞机模型、人物模型等。这些模型并不像前两者一样具有海量数据的特点,数据量较小但是又相对来说比较精细,同时也会有一些动画特效。基于 glTF 格式的模型有助于提高模型加载效率。图 9.11 所示的飞机模型,不仅可以实现随实习路线飞行的动画效果,还自带螺旋桨转动的动画特效,增加了模型的仿真性,使场景更加逼真。

图 9.11 glTF 模型加载示例

思 考 题

讨论 1:开源网络 GIS 开发的特点和优势有哪些?

讨论 2:本章的知识对应于互联网的哪些思维?

作业 1:利用 POI 统计计算街道口的边界范围和商圈。

思政 1:专业知识图谱与思政元素知识图谱如何进行共显交互?

参考文献

[1] 甘莉.基于 SVG 的点状地图符号设计[D].武汉:武汉大学,2004.

[2] 高云成. 基于 Cesium 的 Web GIS 三维客户端实现技术研究[D].西安:西安电子科技大学,2014.

[3] 侯东阳,武昊,陈军. 时空数据 Web 搜索的研究进展[J].地理信息世界,2020,27(4):1-12,21.

[4] 江民彬. 非关系型与关系型空间数据库对比分析与协同应用研究[D].北京:首都师范大学,2013.

[5] 乐世华,张煦,张尚弘,等.基于 Cesium 的 Web GIS 流域虚拟场景搭建[J].水利水电技术,2018,49(5):90-96.

[6] 李玉森,张雪英,袁正午. 面向 GIS 的地理命名实体识别研究[J].重庆邮电大学学报(自然科学版),2008,20(6):719-724.

[7] 林德根,梁勤欧. 云 GIS 的内涵与研究进展[J].地理科学进展,2012,31(11):1519-1528.

[8] 刘光,曾敬文,曾庆丰. Web GIS 原理与应用开发[M].北京:清华大学出版社,2016.

[9] 孟令奎,史文中,张鹏林,等.网络地理信息系统原理与技术[M].2 版.北京:科学出版社,2010.

[10] 申怡.基于 SVG 的线状地图符号设计[D].武汉:武汉大学,2004.

[11] 王家耀,孙力楠,成毅. 创新思维改变地图学[J].地理空间信息,2011,9(2):1-5,80.

[12] 谢希仁.计算机网络[M].7 版.北京:电子工业出版社,2017.

[13] 杨清丽,马超,徐青.自发地理信息的应用问题及应对策略[J].重庆大学学报,2017,40(9):83-88.

[14] 尹章才,李霖,朱海红,等.基于 SVG 的地图符号描述模型研究[J].武汉大学学报(信息科学版),2004,29(6):544-547.

[15] 张爱国,邬群勇,许其凤. 基于 PostgreSQL 的 GML 数据查询管理系统[J].测绘科学技术学报,2008,25(5):344-347.

[16] 赵慧峰. 基于 Cesium 的三维展示与查询平台开发[D].徐州:中国矿业大学,2019.

[17] 祝国瑞,郭礼珍,尹贡白,等.地图设计与编绘[M].武汉:武汉大学出版社,2001.

[18] 宗维康. Web GIS 二三维一体化展示关键技术的研究与实现[D].西安:西安电子科技大学,2017.

[19] GOODCHILD M F. Citizens as voluntary sensors: spatial data infrastructure in the world of Web 2.0[J]. International Journal of Spatial Data Infrastructures Research, 2007(2):24-32.

[20] JULIANA W, ANDREAS N. Dynamic loading of vector geodata for SVG mapping

[EB/OL].http://www.carto.net/papers/svg/postgis_geturl/.
[21] 蔡育秋.基于 Ajax 的电子栅格地图 Web 发布方法[D].武汉:武汉理工大学,2008.
[22] 曹树金,司徒俊峰.论 RSS / ATOM 内容聚合元数据[J].图书馆论坛,2008,28(6):98-104.
[23] 陈玮,苏玉娜.RSS 信息聚合技术[J].电脑知识与技术,2007(1):46-47.
[24] 高皓亮.用户参与驱动的 GeoRSS 地图分享平台[D].上海:华东师范大学,2009.
[25] 季颖斐,高海峰,倪代川.RSS 信息聚合技术在高校图书馆工作中的应用[J].情报科学,2007,25(5):759-761,800.
[26] 柯昌正,黄厚宽.Ajax 技术的原理与应用[J].铁路计算机应用,2007,16(1):27-29.
[27] 李峰,李春旺.Mashup 关键技术研究[J].现代图书情报技术,2009(1):44-49.
[28] 廖建尚.论 Mashup 技术与传统系统集成方案的异同[J].电脑知识与技术,2009,5(12):3249-3250.
[29] 龙岳红.地图 Mashup 的研究与实现[D].长沙:中南大学,2008.
[30] 祁晓晖,郑滔.Mashup 研究综述[J].计算机应用,2010,30 (S1):203-208.
[31] 唐中实,朱贤泽,饶顺斌.基于 AJAX 的 Internet 地图服务方法初探[J].测绘科学,2007,32(3):156-159.
[32] 汤文平.基于 RSS 的旅游电子商务平台信息发布系统设计[D].南昌:华东交通大学,2010.
[33] 翟石艳,宋根鑫.基于 Web Service 和 Mashup 的城市地理信息共享[J].地理空间信息,2009,7(3):82-84.
[34] 张明,张建军,于瑞萍.Ajax 技术在 Web Services 应用中的安全研究[J].科学技术与工程,2006,6(17):2674-2676,2683.
[35] 周彩兰,孙琳,李素芬. AJAX 在电子地图二次开发中的应用[J]. 武汉理工大学学报,2007,29(7):49-52.
[36] RYAN A,NATHANIEL T S. Ajax 基础教程[M].金灵,译.北京:人民邮电出版社,2006.